目　录

* **参考尺寸** 作为编织参考尺寸的大致标准

月龄	0 个月	3 个月	6 个月	12 个月	18 个月	24 个月
身长	50 cm	60 cm	70 cm	75 cm	80 cm	90 cm
体重	3 kg	6 kg	9 kg	10 kg	11 kg	13 kg

1

棒针编织的简单的宝宝礼服套装

纯洁的颜色，
正符合"谢谢你来到这个人世间"的心情。
随着妈妈角色的成熟，
宝宝穿着舒服的礼服也织好了。

毛线：钻石线 Diatasmanian baby
编织方法：36 页

2

钩针编织的宝宝礼服套装

古典风格的礼服，
搭配了精致的蕾丝领口。
这款可爱的礼服套装适合用在正式的场合或者喜庆的日子里，
送给浪漫派的妈妈。

毛线：中粗有机棉线 A、和麻纳卡 Paume 无垢棉 baby

编织方法：43 页

精心编织的服装
只穿一次太可惜，想多穿几次

作为婴儿贺礼而编织的礼服，

等两三岁可以好好走路的时候，再给她穿上作为长外套。

在不对称的门襟上排列的小扣子很可爱呢。

作品 1 的婴儿礼服

钩针编织的装饰礼服领口的蕾丝褶边，
可以单作为小围巾来使用。
可爱的蕾丝单品女孩子们都很喜欢。

作品 2 的领子

3

蒂尔登毛衣风格的系带马甲

宝宝睡觉的时候，总是要仔细再仔细地固定好他上衣的领口，
试着设计了蒂尔登毛衣的多重撞色的领口和斜门襟。
有点成熟的感觉很新鲜。

毛线：和麻纳卡 Paume 棉麻线、和麻纳卡 Flax K
编织方法：48 页

钩针编织的时尚小围兜

临时外出,
搭配钩针编织的时尚蕾丝小围兜如何?
毕竟是接触脸部及周围皮肤的物品,
使用温和的自然材质所以感到放心。

毛线：钻石线 DIAMUFFIN
编织方法：50 页

6

双色条纹抱毯

因为是包裹婴儿的抱毯，
所以对素材很讲究。
四周的蕾丝边很可爱。
推着婴儿车出门或是午睡时使用，
是一件可长久使用的物品。

毛线：中粗羊毛线 B
编织方法：52 页

7

麻花图案的马甲式睡衣

能翻身的婴儿在睡觉的时候也不太安生。
即使睡眠中被子被蹬开或没盖好，
但因为穿有睡衣也可以放心。
为了能在睡着后穿上，采用了侧面系带的方式。

毛线：粗棉线
编织方法：53 页

8

麻花图案的两用外套

外套连接加长部分可翻折系成睡袋，
推着婴儿车散步时，加长部分作为膝毯也不会掉落，
婴儿和妈妈都很舒服。
等宝宝能走路之后，把加长部分拆下来，
就变成带着麻花图案的漂亮外套，可继续给宝宝穿。

毛线：中粗棉线 A
编织方法：54 页

桂花针编织的长上衣

有点冷吗？这款长上衣穿起来很方便，
能搭配各种衣服的简单设计很好呢。
织得稍长些，过了1岁也可以作为背心穿。

毛线：中粗棉线 B
编织方法：60 页

11　12 个月

12　12 个月

10　6、12 个月

钩针编织的小袜子和芭蕾舞鞋

手编的柔软鞋子，是婴儿练习走路时的完美单品。

也可以让孩子毫不抗拒、愉快地练习穿鞋子走路。

最重要的是，穿在小脚上的婴儿鞋很可爱！

毛线：10 →和麻纳卡 Paume Crochet 草木染、中粗有机棉线 B

11 →和麻纳卡 Paume baby color、中粗有机棉线 A

12 →中粗棉线 A

编织方法：10 → 60 页 11 → 61 页 12 → 61 页

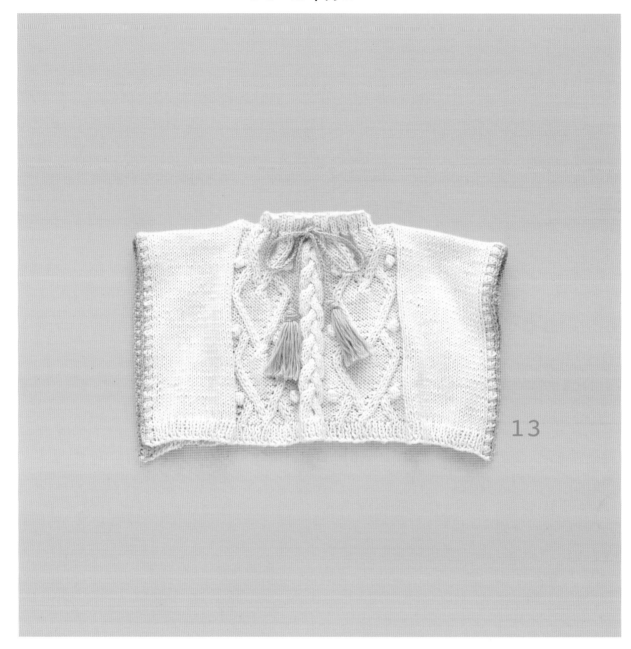

13

阿兰花样的长方形披风

不需要孩子伸手就能轻松穿上的披风，
孩子坐着或者摇摇晃晃走路的时候穿都非常方便。
前、后片均为无须加减针编织出来的简单形状，
阿兰花样令人印象深刻。

毛线：中粗棉线 A
编织方法：62 页

14

带帽子的条纹披风

披风采用条纹配色，显得清新时尚。
为了方便宝宝奔跑，
把下摆内侧的扣子扣起来，就形成了袖口。
重点是能轻松地穿着。

毛线：和麻纳卡 Flax K
编织方法：64 页

15

16　18个月

15　6个月

水手领连体衣

肚子和屁股都包得严严实实的短裤连体衣。
可爱的水手领引人注目。
方便行动又可爱，妈妈和宝宝都很满意。

毛线：和麻纳卡 Flax K

编织方法：66 页

时尚围裙和连体服

用亲肤的棉纱线编织成的连体服，
根据里面搭配的衣服可以在所有季节大显身手。
叠穿条纹的围裙，
突出了层次感。

毛线：和麻纳卡 Paume 无垢棉　皮马棉、和麻纳卡 Paume 彩土染、和麻纳卡 Flax C
编织方法：70 页

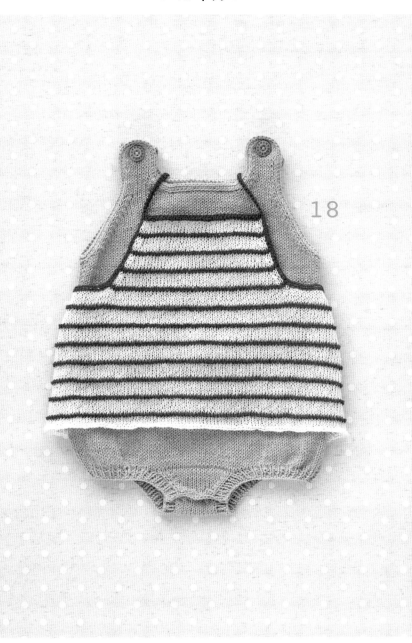

18

19　18个月　　　20　6个月

简单的半短裤

运动方便，穿起来很舒服。
如果有几条不同颜色的毛线裤，
搭配各种各样的上衣，不仅方便，时尚度也会更上一层楼。
臀部的起伏针花样和裤腿口的双罗纹针编织是重点，后面看也很可爱。

毛线：中粗棉线 A
编织方法：74 页

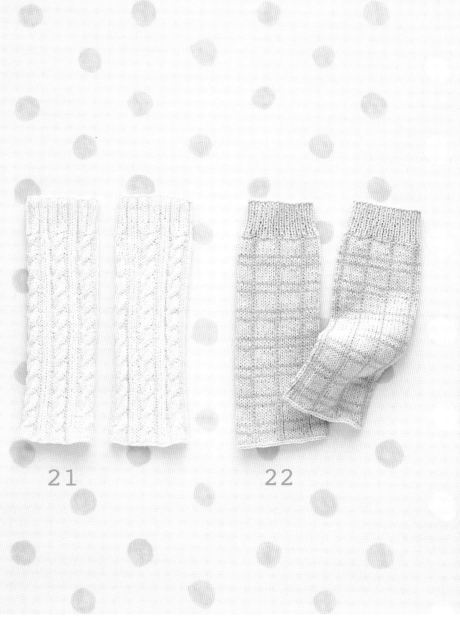

21   22

麻花花样 / 方格图案的护腿袜

已经成为经典作品的宝宝护腿袜。
编织起来很轻松，妈妈亲手制作也会显得很特别。
不仅方便换尿布，
玩耍时还可以保护膝盖，当然也能抵御寒冷。

毛线：粗棉线
编织方法：76 页

23

时尚蕾丝披肩

柔和的轮廓，华丽的蕾丝花样。
可爱的粉色披肩，是女孩子都会青睐的可爱作品。
在特别的日子里，
把它作为礼物送给小公主，
心情会如何呢？

毛线：粗棉线
编织方法：78 页

24

25

26

瓜皮帽和鸭舌帽

为了遮阳避寒，防止受伤……帽子是宝宝每天出门必不可少的物品。

虽然也有不习惯戴帽子的宝宝，但是戴帽子真的很可爱呢。

告诉她帽子的好处，让她成为最喜欢帽子的小宝贝吧！

妈妈亲手做帽子的话一定没问题！

毛线：24→和麻纳卡 Paume 棉麻线

25→中粗棉线 B

26→钻石线 Diatasmanian baby

编织方法·24→79 页 25→80 页 26→82 页

28 12个月

27 24个月

带有口袋的简单背心

和前、后片连在一起编织的边缘编织是亮点。
这种搭配什么都好看的简单背心，
穿起来很方便，值得多拥有几件。
兄弟姐妹一起穿也很可爱，很棒。

毛线：中粗羊毛线 A
编织方法：83 页

双排扣的短裙式上衣

蓬蓬的裙式下摆，可爱又便于活动。
女孩子会被这样的可爱衣物所吸引。
因为是双排扣，所以肚子也很暖和。

毛线：粗羊毛线
编织方法：86 页

30

31

小青果领镂空花样的开衫

小青果领，使得这件羊毛衫更加可爱。
育克处减针、下摆蓬松的设计，
圆点镂空花样，不经意间却很精致。

毛线：和麻纳卡 Paume 彩土染
编织方法：89 页

32

帅气的双排扣夹克

以肘部的长针补丁为重点，
完成一件简单却十分帅气的夹克。
门襟处并排的纽扣很可爱，
颜色也仿佛是在欧洲的童装杂志上常出现的。
虽然有点不好穿，但请尝试享受这种穿法的乐趣。

毛线：中粗羊毛线 B
编织方法：92 页

34

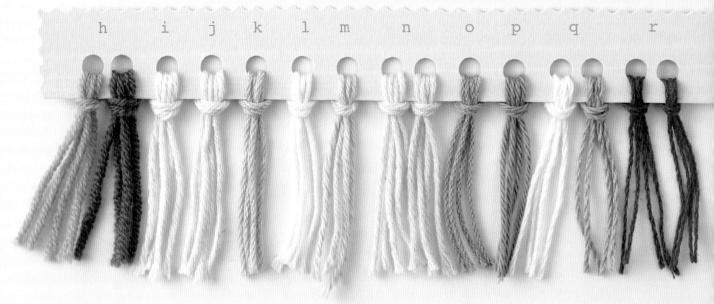

线名		成分	色数	规格	线长	粗细	针号
a	钻石线 Diatasmanian baby	100% 羊毛（塔斯马尼亚羊毛）	7 色	40 克	约159米	粗	5、6号 4/0、5/0号
b	钻石线 DIAMUFFIN	100%棉（防过敏加工）	8 色	40 克	约136米	粗	3~5号 3/0、4/0号
c	粗羊毛线	100% 羊毛	—	50 克	约165米	粗	4、5号
d	中粗羊毛线 A	100% 羊毛	—	50 克	约120米	中粗	6~8号
e	中粗棉线 A	100% 棉	—	50 克	约125米	中粗	5、6号
f	粗棉线	100% 棉	—	25 克	约82米	粗	3~5号 4/0~6/0号
g	中粗棉线 B	100% 棉	—	25 克	约64米	中粗	4、5号 4/0~6/0号
h	中粗羊毛线 B	100% 羊毛	—	40 克	约120米	中粗	5、6号 5/0号
i	和麻纳卡 Paume 无垢棉 baby	100% 棉（有机棉）	1 色	25 克	约70米	中粗	5、6号 5/0号
j	和麻纳卡 Paume 无垢棉　皮马棉	100% 棉（有机棉）	1 色	25 克	约70米	中粗	5、6号 5/0号
k	中粗有机棉线 A	100% 棉（有机棉）	—	25 克	约70米	中粗	5、6号 5/0号
l	和麻纳卡 Paume 棉麻线	60% 棉，40% 亚麻（有机棉和有机亚麻）	2 色	25 克	约66米	中粗	5、6号 5/0号
m	和麻纳卡 Paume baby color	100% 棉（有机棉）	12 色	25 克	约70米	中粗	5、6号 5/0号
n	和麻纳卡 Paume 彩土染	100% 棉（有机棉）	5 色	25 克	约70米	中粗	5、6号 5/0号
o	和麻纳卡 Paume Crochet 草木染	100% 棉（有机棉）	5 色	25 克	约107米	中细	3号 3/0号
p	中粗有机棉线 B	100% 棉（有机棉）	—	25 克	约73米	中粗	5、6号 5/0号
q	和麻纳卡 Flax K	78% 亚麻、22% 棉	17 色	25 克	约62米	中粗	5、6号 5/0号
r	和麻纳卡 Flax C	82% 亚麻、18% 棉	17 色	25 克	约104米	中细	3/0号

产品 a、b 来自钻石毛线株式会社

产品 i、j、l、m、n、o、q、r 来自和麻纳卡株式会社

棒针编织基本技法

● 棒针的持针方法

对于编织初学者，推荐使用将线挂在左手食指上的带线方法。

左手（注意线的挂法）

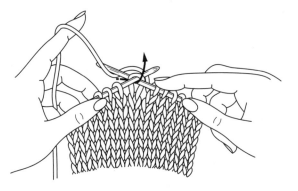

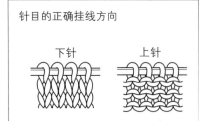

针目的正确挂线方向

下针　　　　上针

● 手指绕线起针法

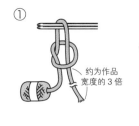

① 约为作品宽度的 3 倍

② 挂在食指上　挂在拇指上

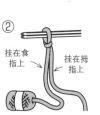

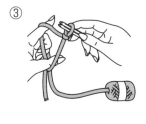

③

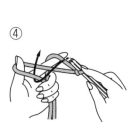

④

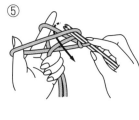

⑤

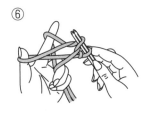

⑥

⑦ 重复④~⑦的操作

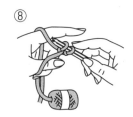

⑧

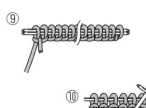

⑨

⑩ 第 1 行（反面）　抽出的棒针
※起针行算 1 行

● 确认编织密度

本书的密度表示方法

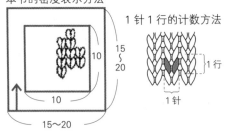

10
15~20
10
15~20

1 针 1 行的计数方法

15~20 行
1 行
1 针

宽度 30 厘米的织片有多少针？长度 35 厘米的作品有多少行？面对这个提问，回答是借助密度来推算。有了密度后，用 30 厘米乘以密度针数（十分之一）即可以得出所需针数，用 35 厘米乘以密度行数（十分之一）即可以得出所需行数。如果你编织的密度跟本书的密度相同，织出来的毛衣就跟本书上的尺寸大概一样。如果你编织的密度跟本书的密度不同，织出来的毛衣就会跟本书的尺寸有出入。测量密度的方法：使用与作品相同的毛线、针号、编织方法编织 15 ~ 20 厘米见方的织片，用蒸汽熨斗轻轻地熨烫后，测量出 10 厘米内分别有多少针和多少行。

※本书图中表示长度的数字未标明的均以厘米（cm）为单位

● 下针 ☐ │

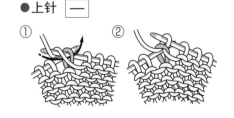

① 　　②

● 上针 ☐ ─

① 　　②

● 挂针 ☐ ○

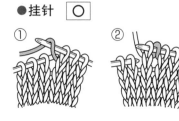

① 　　②

钩针编织基本技法

●钩针的持针方法

右手（注意针的握法）

左手（注意线的挂法）

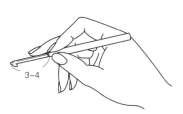

3~4

拇指和食指轻轻握住针，并用中指
抵住。

将线穿过中间两根手指的内侧，
线团线在小指外侧。

如果线比较细或容易滑动，在小
指上绕一圈。

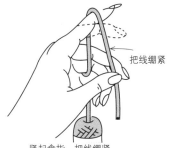

把线绷紧

竖起食指，把线绷紧。

●如何起针

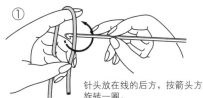

① 针头放在线的后方，按箭头方向
旋转一圈。

②

③ 捏住

④ 将线拉出

⑤ 抽紧

⑥ 完成起针。这一针并不计入针数。

●锁针的编织方法

① ② ③ ④

完成5针锁针。

第1针

（7针）

锁针的里山

1
2页
0~6个月

●所需材料
毛线…钻石线 Diatasmanian baby（粗）象牙白色（307）（礼服180 g、婴儿帽25 g、袜子20 g、手套15 g）240 g/6团
配件…直径15 mm的纽扣5枚、直径10 mm的内扣1枚
针…棒针5号，钩针4/0号

●成品尺寸
礼服 胸围54 cm，衣长49 cm，连肩袖长31.5 cm；婴儿帽 头围32 cm，帽深11.5 cm；袜

子和手套：参见图解

●编织密度
10 cm×10 cm面积内：编织花样B 27针，36行

●编织要点
礼服 使用手指绕线起针法，从下摆和袖口开始编织，胁线、插肩线处编织减针，最后编织伏针收针。前片为左右对称的两片，袖子同样为两片。后片、前片和袖子参照图解（p.41）进行组合，挑针缝合。

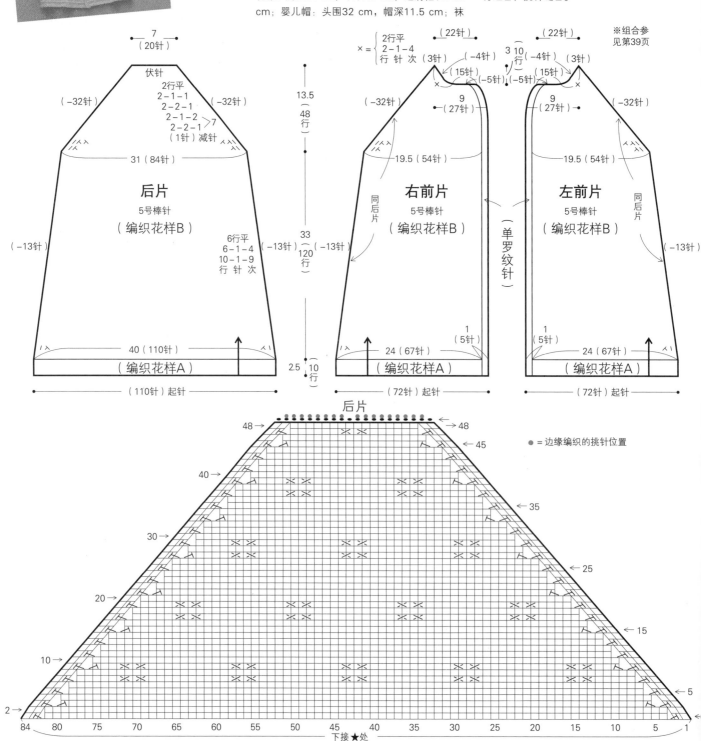

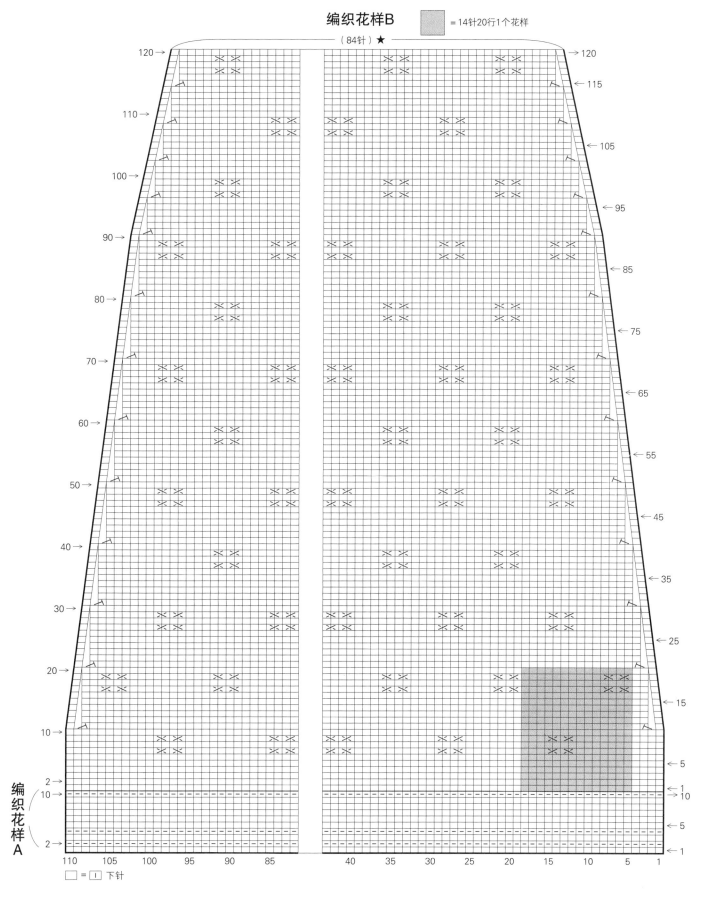

编织花样B

= 14针20行1个花样

（84针）★

□ = ｜ 下针

编织花样A

37

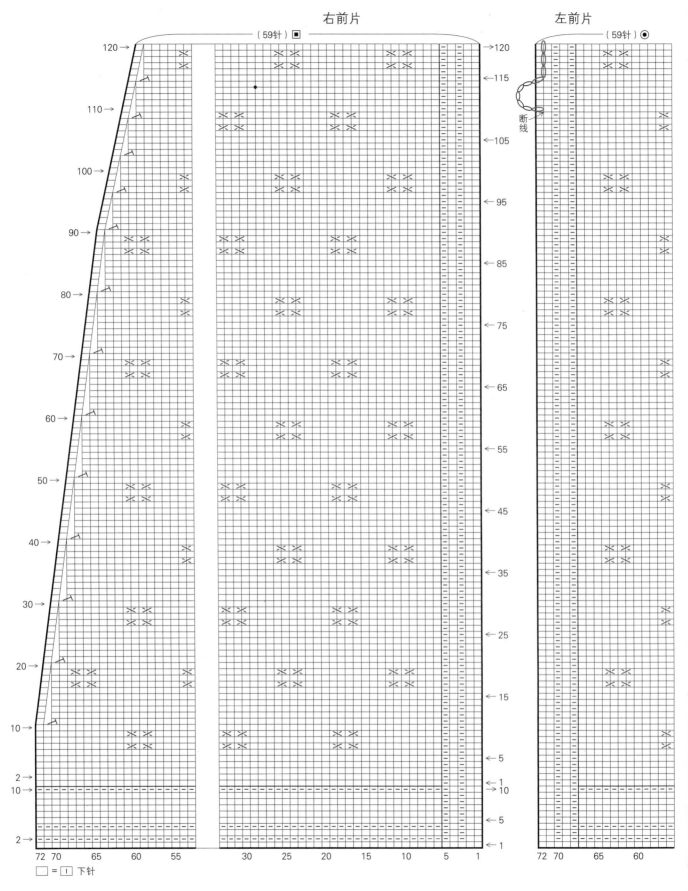

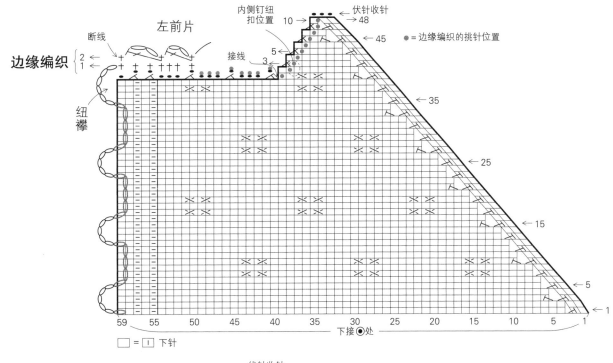

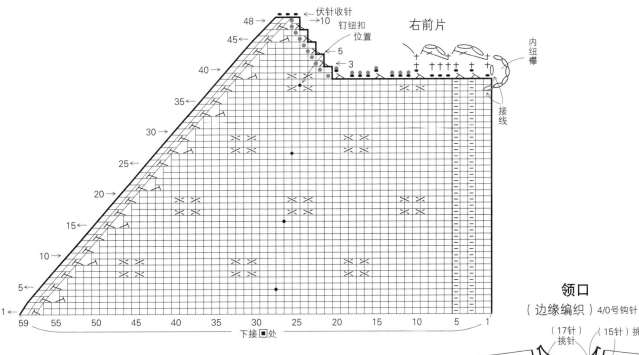

组合 将各部分缝合在一起后，沿着领窝编织边缘编织。从右前片的指定位置接上线，第 1 行编织短针，其中右前片 25 针，右袖 15 针，后片 17 针，左袖 15 针，左前片 25 针，然后继续在左前门襟处制作 5 个纽襻，断线。第 2 行接上新线，从内纽襻处开始编织。

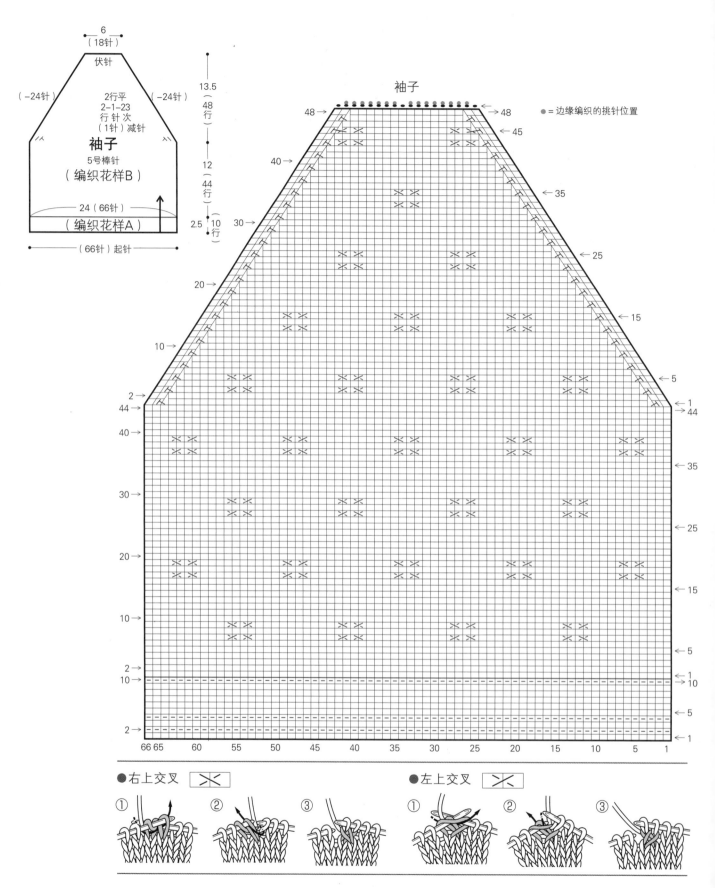

6
（18针）
伏针
（−24针）　　2行平　　（−24针）
　　　　　2-1-23
　　　　　行针次
　　　　　（1针）减针
袖子
5号棒针
（编织花样B）
24（66针）
（编织花样A）
（66针）起针

13.5
（48行）

12
（44行）

2.5（10行）

袖子

48 → ← 48
← 45
48 → ← 45
40 → ← 35
← 25
30 → ← 15
20 → ← 5
10 → ← 1
2 → ← 44
44

● = 边缘编织的挑针位置

40 → ← 35
30 → ← 25
20 → ← 15
← 5
10 → ← 1
2 → → 10
10 → ← 5
2 → ← 1

66 65　60　55　50　45　40　35　30　25　20　15　10　5　1

●右上交叉 　⟩⟨
① ② ③

●左上交叉 　⟩⟨
① ② ③

40

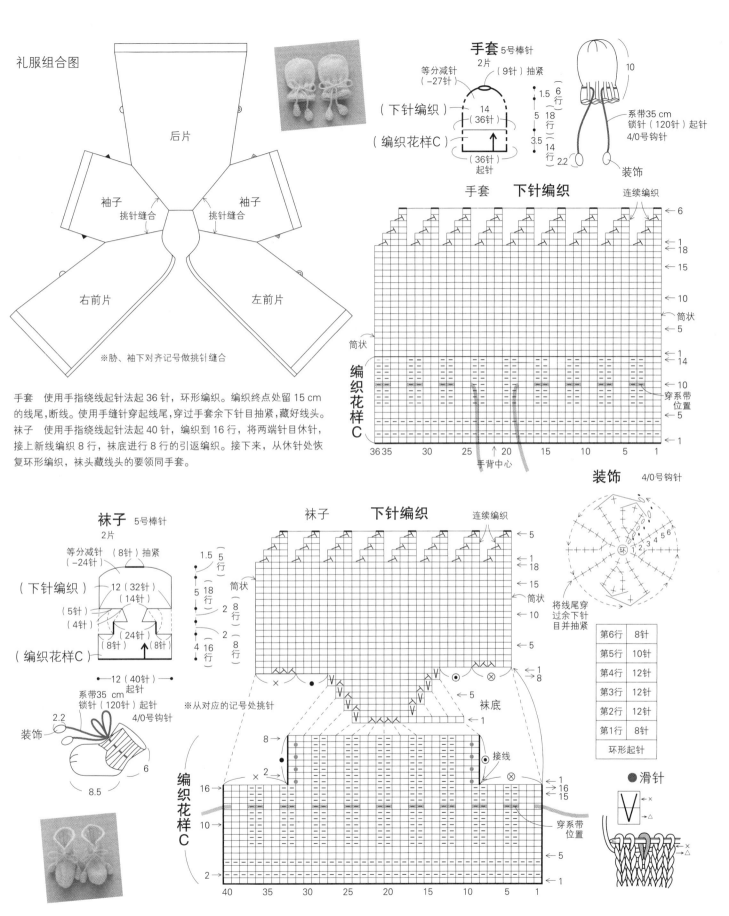

礼服组合图

后片

袖子　挑针缝合　挑针缝合　袖子

右前片　左前片

※胁、袖下对齐记号做挑针缝合

手套　使用手指绕线起针法起36针，环形编织。编织终点处留15 cm的线尾，断线。使用手缝针穿起线尾，穿过手套余下针目抽紧，藏好线头。
袜子　使用手指绕线起针法起40针，编织到16行，将两端针目休针，接上新线编织8行，袜底进行8行的引返编织。接下来，从休针处恢复环形编织，袜头藏线头的要领同手套。

手套　5号棒针
2片

等分减针（−27针）　（9针）抽紧

（下针编织）　14（36针）

（编织花样C）

（36针）起针

1.5　6行
5　18行
3.5　14行
2.2

系带35 cm
锁针（120针）起针
4/0号钩针

装饰

10

手套　下针编织

连续编织

筒状

编织花样C

穿系带位置

手背中心

装饰　4/0号钩针

将线尾穿过余下针目并抽紧

第6行	8针
第5行	10针
第4行	12针
第3行	12针
第2行	12针
第1行	8针
环形起针	

袜子　5号棒针
2片

等分减针（−24针）抽紧

（下针编织）　12（32针）（14针）

（5针）
（4针）
（24针）
（8针）（8针）

（编织花样C）

12（40针）起针

系带35 cm
锁针（120针）起针
4/0号钩针

装饰
2.2

6

8.5

1.5　5行
5　18行
2　8行
4　16行　2　8行

袜子　下针编织

连续编织

筒状
筒状

袜底

※从对应的记号处挑针

接线

穿系带位置

编织花样C

●滑针

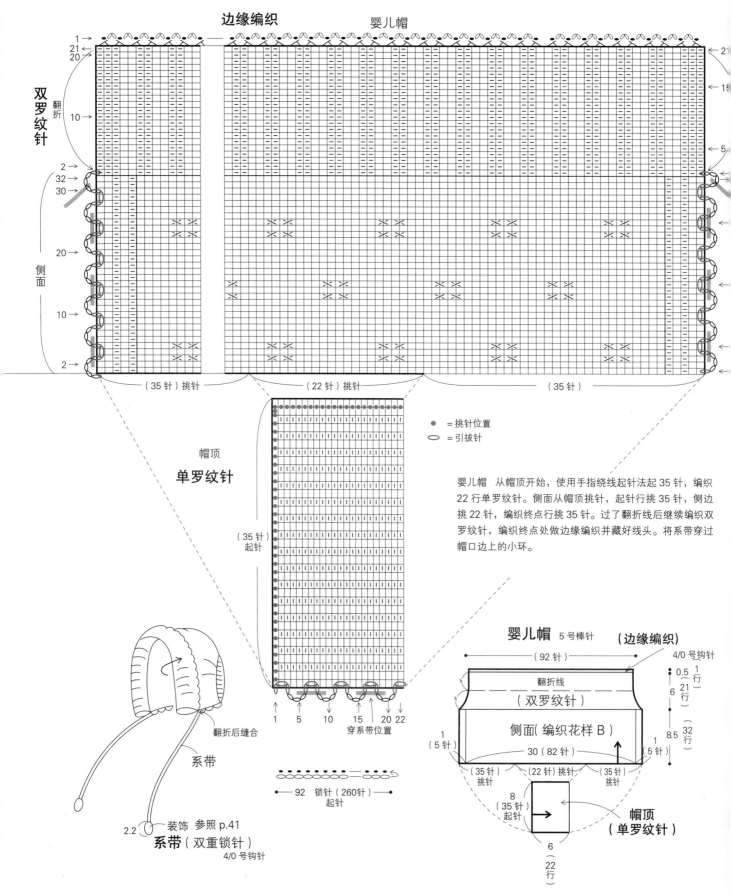

边缘编织　婴儿帽

双罗纹针

翻折

侧面

（35针）挑针　（22针）挑针　（35针）

帽顶
单罗纹针

（35针）起针

● = 挑针位置
⬭ = 引拔针

婴儿帽　从帽顶开始，使用手指绕线起针法起35针，编织22行单罗纹针。侧面从帽顶挑针，起针行挑35针，侧边挑22针，编织终点行挑35针。过了翻折线后继续编织双罗纹针，编织终点处做边缘编织并藏好线头。将系带穿过帽口边上的小环。

1　5　10　15　20 22
穿系带位置

翻折后缝合

系带

2.2　装饰　参照 p.41
系带（双重锁针）
4/0 号钩针

92 锁针（260针）起针

婴儿帽　5号棒针　（边缘编织）

（92针）　4/0 号钩针

翻折线

（双罗纹针）

侧面（编织花样 B）

30（82针）

（35针）挑针　（22针）挑针　（35针）挑针

1（5针）

8（35针）起针

6（22行）

帽顶（单罗纹针）

0.5　1行
6　21行
8.5　32行

2
3 页
0~6 个月

●所需材料

毛线…中粗有机棉线 A 浅褐色（礼服 390 g、
婴儿帽 40 g、鞋子 15 g）445 g/18 团；和麻
纳卡 Paume 无垢棉 baby 灰白色（11）（褶边、
鞋子各 5 g）10 g/1 团

配件…直径 20 mm 的内纽扣 1 枚、直径 10
mm 的内纽扣 8 枚

针…钩针 6/0 号

●成品尺寸

礼服：胸围 60 cm，肩宽 21 cm，衣长 55 cm，
袖长 21.5 cm；婴儿帽：头围 44 cm，帽深 10
cm；鞋子：参见图解

●编织密度

10 cm×10 cm 面积内：编织花样 A 5 个花样
12 行

●编织要点

前、后片连在一起编织，起 351 针锁针，第 1
行从里山挑针编织短针。从第 2 行开始编织花
样 A，不加、减针编织至第 41 行，注意第 42
行花样发生变化，每 3 个花样减成 2 个花样。
接下来做左、右前片边缘的减针，编织 8 行后，
继续编织左前片，后片和右前片分别接上新线
编织。袖子按照与身片相同的要领起针。

※ 作品组合参见第 44 页

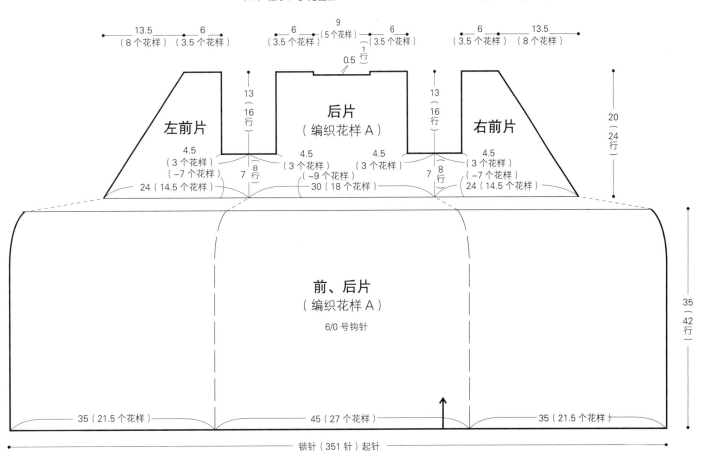

褶边（编织花样 B）6/0 号钩针

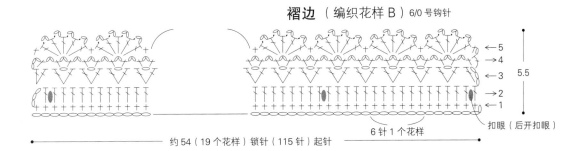

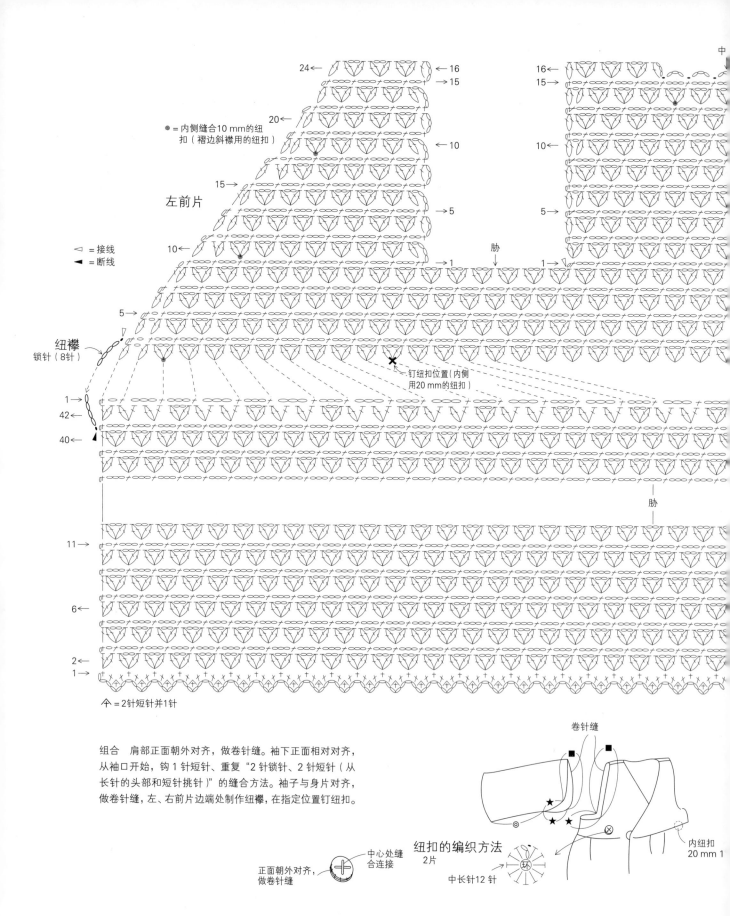

24←　　　←16
　　→15

20←

15←　　　　←10

左前片

10←

●= 内侧缝合10 mm的纽扣
（褶边斜襟用的纽扣）

◁= 接线
◀= 断线

5→

纽襻
锁针（8针）

1→
42←
40←

16←
15→

←10

5→

1→　1←

╳ 钉纽扣位置(内侧
用20 mm的纽扣）

胁

11→

6→

2→
1→

个 = 2针短针并1针

组合　肩部正面朝外对齐，做卷针缝。袖下正面相对对齐，
从袖口开始，钩1针短针、重复"2针锁针、2针短针（从
长针的头部和短针挑针）"的缝合方法。袖子与身片对齐，
做卷针缝，左、右前片边端处制作纽襻，在指定位置钉纽扣。

卷针缝

■

■

★

★ ★

⊗

内纽扣
20 mm 1

正面朝外对齐，
做卷针缝

中心处缝
合连接

纽扣的编织方法
2片

中长针12针

环

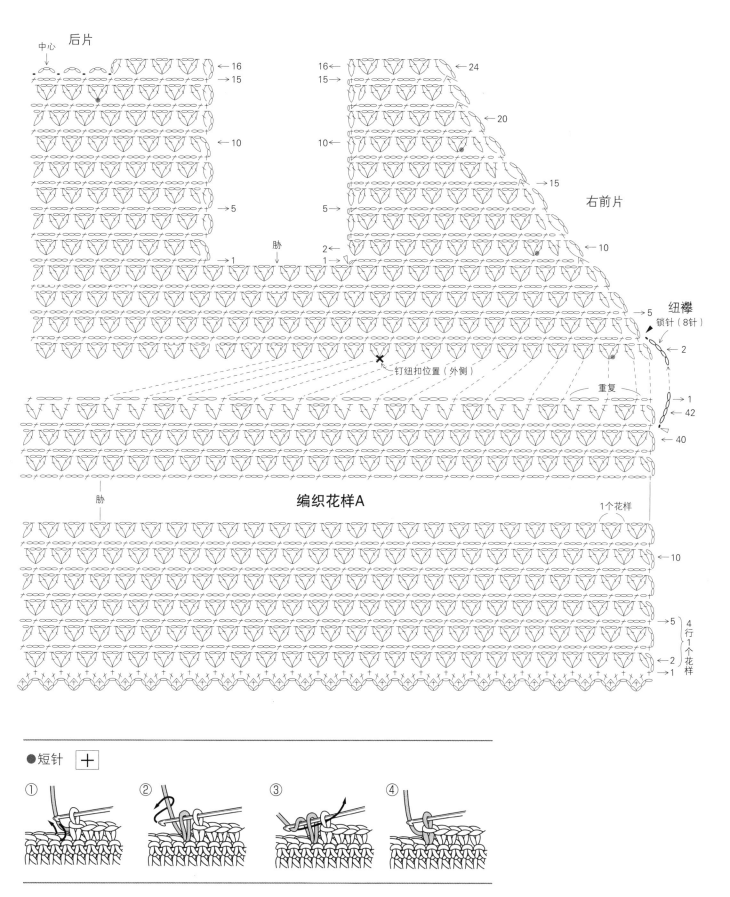

后片

中心

←16
→15

←10

→5

→1

胁

右前片

16←
15←

←24

←20

→15

5→

2←
1→

←10

纽襻
锁针（8针）

→5

→2

钉纽扣位置（外侧）

重复

→1
→42

←40

胁

编织花样A

1个花样

←10

→5
→2
→1

4行1个花样

●短针 ┼

① ② ③ ④

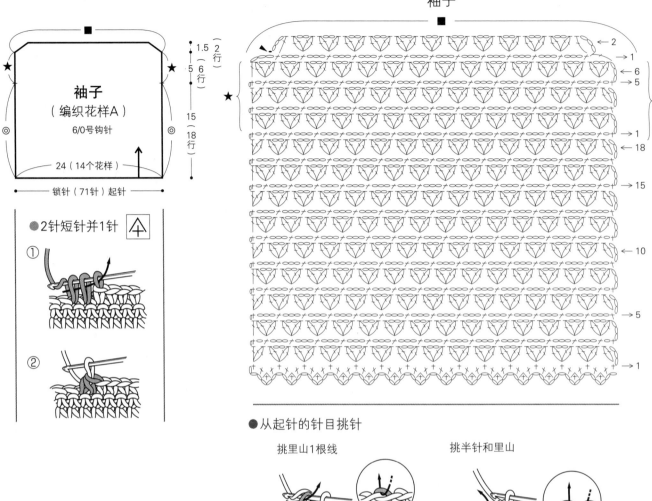

袖子

袖子
（编织花样A）
6/0号钩针

24（14个花样）

锁针（71针）起针

1.5（2行）
5（6行）
15（18行）

●2针短针并1针 ⊕

①

②

●从起针的针目挑针

挑里山1根线

立织1针（短针时）

挑半针和里山

立织1针（短针时）

←2
←1
→6
→5
→1
←18
→15
→10
→5
→1

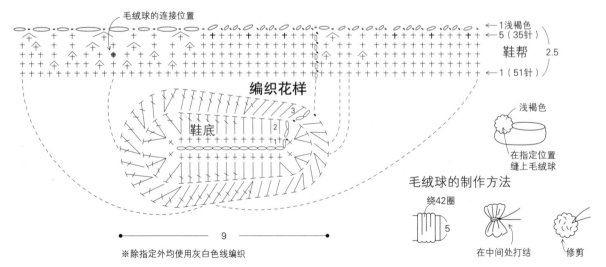

鞋子　6/0号钩针

毛绒球的连接位置

←1浅褐色
←5（35针）
鞋帮 2.5
←1（51针）

编织花样

鞋底

9

浅褐色

在指定位置
缝上毛绒球

毛绒球的制作方法

绕42圈

5

在中间处打结

修剪

※除指定外均使用灰白色线编织

46

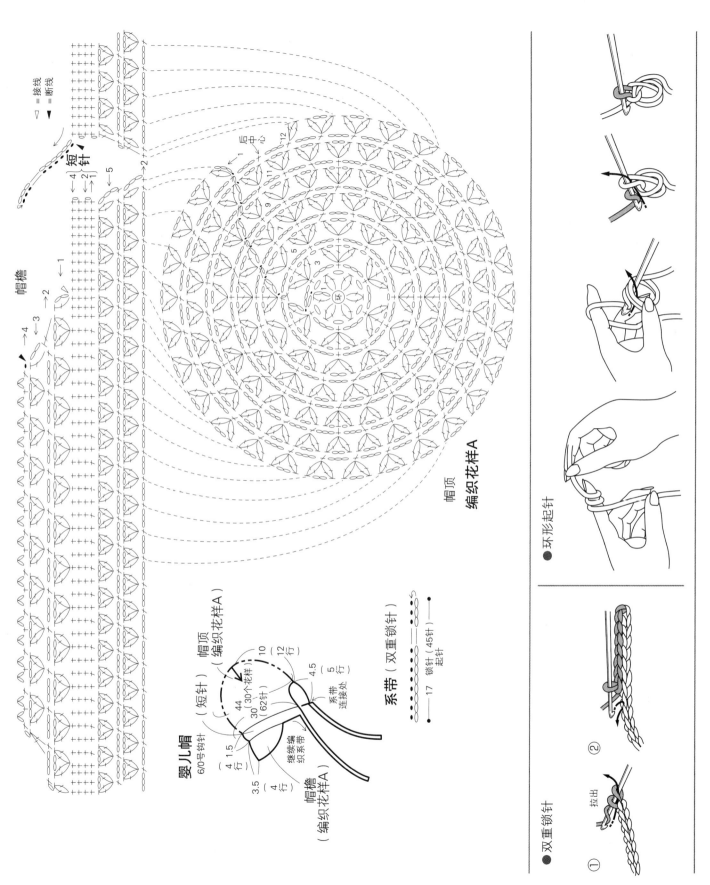

▷ = 接线
▶ = 断线

帽檐

短针

帽顶

编织花样A

后中心

环

婴儿帽

（6/0号钩针）

（短针）
（帽顶）
（编织花样A）

10
12行
44
30（30个花样）
（62针）
继续编织系带
帽檐
（编织花样A）

4.5
5行
系带连接处
4 1.5行
3.5
4行

系带（双重锁针）

17
锁针（45针）
起针

●双重锁针

①
拉出

②

●环形起针

47

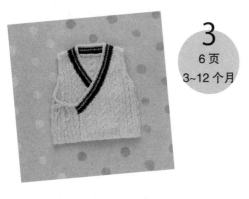

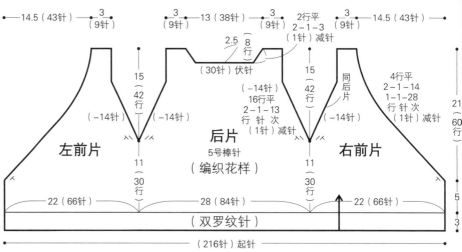

3

6 页

3~12 个月

※除指定外均使用白色线编织

● **所需材料**

毛线…和麻纳卡Paume棉麻线（中粗）白色（201）100 g/4团、Flax K（中粗）海军蓝色（17）10 g/1团
针…棒针 5 号，钩针 5/0 号

● **成品尺寸**

胸围 56 cm，肩宽 19 cm，衣长 29 cm

● **编织密度**

10 cm × 10 cm 面积内：编织花样 30 针，28 行

● **编织要点**

右前片、后片和左前片连在一起编织，使用手指绕线起针法，从下摆开始编织。从编织花样第 12 行之后，左、右前端做减针。完成 18 行后，余线继续编织右前片，后片和左前片分别接上新线分开编织。

组合　肩部正面相对对齐做引拔接合。沿着领窝挑针编织领子和斜门襟。袖窿在 1 针内侧编织引拔针并处理好线头。外侧的 2 根系带使用双重锁针编织，内侧的 2 根系带使用锁针编织。

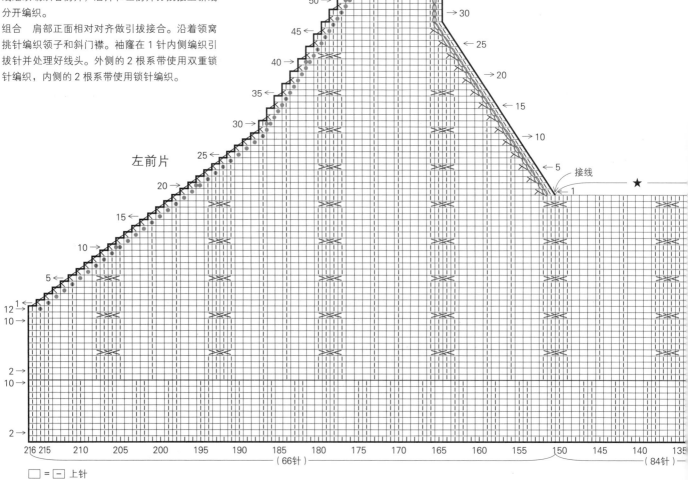

= 挑针位置

= 编织引拔针

□ = − = 上针

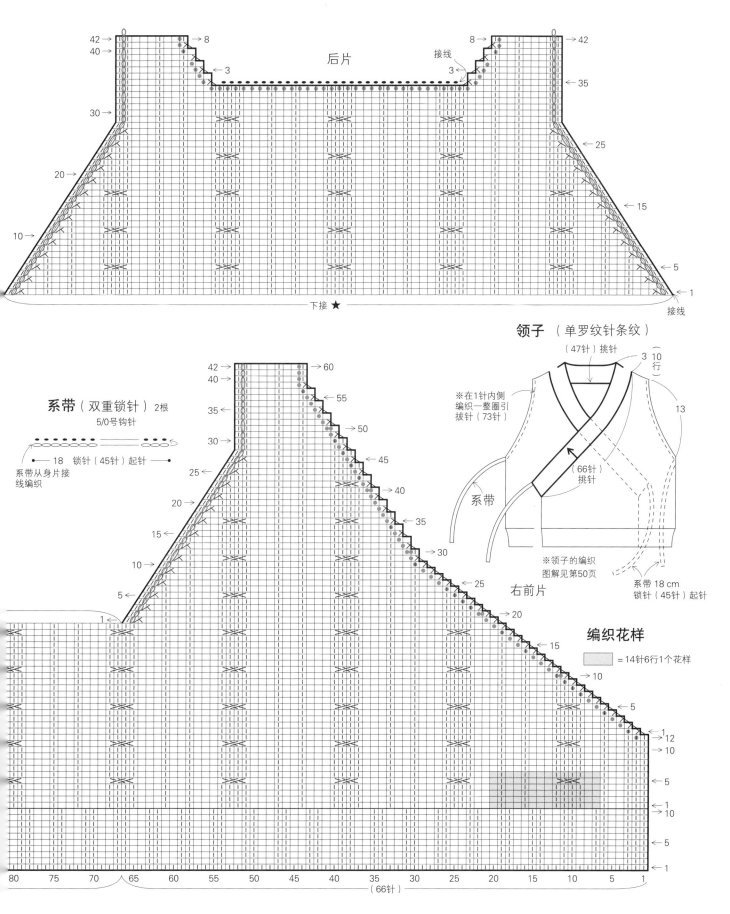

后片

接线

下接 ★

接线

领子 （单罗纹针条纹）

（47针）挑针

3

（10行）

※在1针内侧编织一整圈引拔针（73针）

（66针）挑针

系带

13

※领子的编织图解见第50页

系带 18 cm 锁针（45针）起针

系带（双重锁针）2根

5/0号钩针

18 锁针（45针）起针

系带从身片接线编织

右前片

编织花样

= 14针6行1个花样

4、5

7页
3~12个月

● 所需材料

毛线…钻石线DIAMUFFIN（粗）

作品4：灰白色（6）15 g/1团

作品5：浅褐色（10）25 g/1团

配件…作品4：直径15 mm的纽扣1枚

针…钩针4/0号

● 成品尺寸

参见图解

● 编织要点

作品4 起31针锁针，从锁针的里山挑针开始

编织。从主体的起针行接线编织60针锁针作为系带，继续编织10针锁针，然后重复"挑锁针的里山编织5针短针和4针锁针"2次，形成纽襻，再往回钩42针短针。在指定的位置钉纽扣。

作品5 参照图解先编织42行做右侧的加针，从第43行起，编织减针直到完成78行。注意左端2针的织法：前4行重复编织短针和长针，之后的每一行都编织短针。制作编织小球，缝合在指定位置。

4 小围兜（编织花样）

4/0号钩针

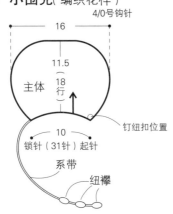

主体 编织花样

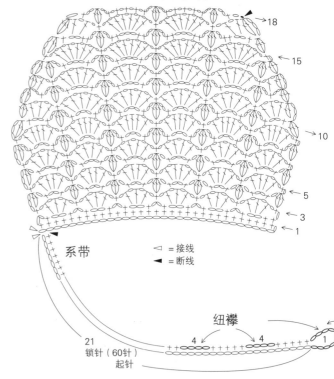

△ = 接线
▲ = 断线

系带

纽襻

21 锁针（60针）起针

3 接第49页

领子 单罗纹针条纹

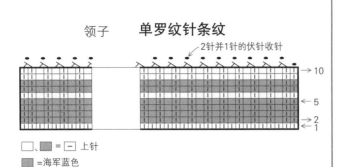

2针并1针的伏针收针

□、■ = 上针

■ = 海军蓝色

● 3针长针的枣形针

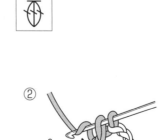

① 立织3针
起针 基础针 1针
1针

② 未完成的长针

③

50

5 小围兜（编织花样）

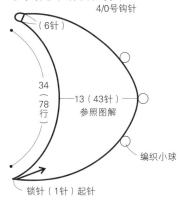

4/0号钩针

（6针）

34（78行）

13（43针）
参照图解

编织小球

锁针（1针）起针

编织小球 3个

将线尾穿过最后一行的针目并抽紧

1.5

小围兜的合法

※从2个锁针链的环中间，将另一侧的尖角拉出

● 长针 ┬

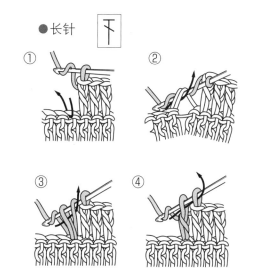

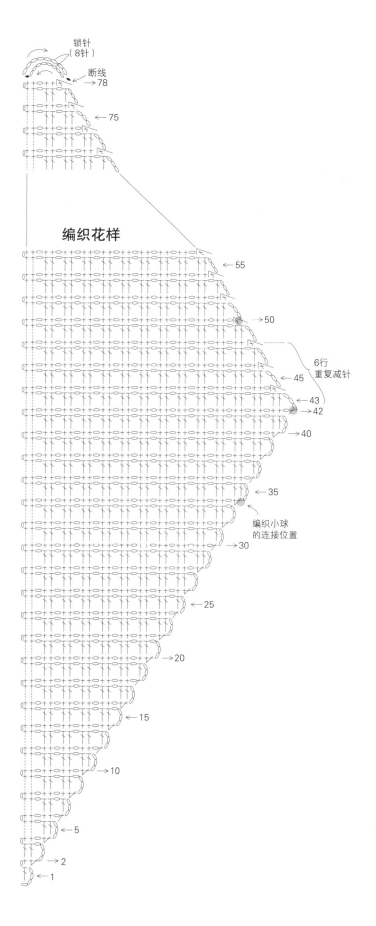

锁针（8针）

断线 →78

←75

编织花样

←55

→50

6行重复减针

←45

43
42

→40

←35

编织小球的连接位置

→30

←25

→20

←15

→10

←5

→2

←1

6

8 页
3 个月以上

● 所需材料
毛线…中粗羊毛线 B 灰白色 140 g/4 团、浅褐色 120 g/3 团、茶色 40 g/1 团
针…钩针 6/0 号

● 成品尺寸
宽 64 cm，长 68 cm

● 编织密度
10 cm×10 cm 面积内：条纹配色花样 22 针，11 行

● 编织要点
使用浅褐色线编织145针锁针，立织2针锁针，

从锁针的里山挑针编织145针中长针。立织的2针锁针不计入针数里。在第1行的最后一针（第145针）中长针处，换成下一行的灰白色线拉出。第2行，使用灰白色线立织2针锁针，在第1行的浅褐色针目上方编织。每一行都用同样的方法，交替编织浅褐色线和灰白色线。

组合 在抱毯的四周，使用茶色线编织引拔针，挑起引拔针外侧的针目做边缘编织。

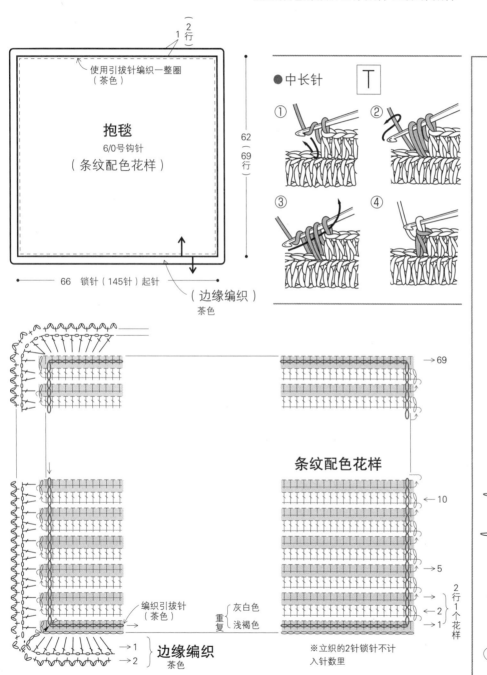

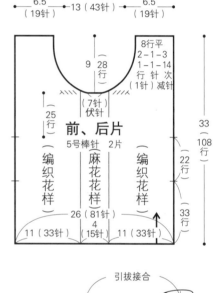

● 中长针 〔 T 〕

抱毯
6/0号钩针
（条纹配色花样）

使用引拔针编织一整圈（茶色）
1 （ 2 行 ）
62（69 行）

66 锁针（145针）起针
（边缘编织）茶色

条纹配色花样

→69
←10
→5
←2
←1

灰白色
浅褐色
2 行
1 个花样
重复

编织引拔针（茶色）

→1
→2
边缘编织
茶色

※立织的2针锁针不计入针数里

前、后片
5号棒针 2片

6.5（19针） 13（43针） 6.5（19针）

8行平
2-1-3
1-1-14 行 针 次
（1针）减针

9 28 行

（7针）伏针

25 行

编织花样
麻花花样
编织花样

22 行
33 行

33
108 行

26（81针）
4
11（33针） （15针） 11（33针）

引拔接合

系带

22 行
33 行

系带（双重锁针）5/0号钩针 8根

15 锁针（40针）起针

编织终点

从身片接线编织

7

9 页

6~12 个月

●所需材料

毛线…粗棉线 薄荷蓝色 100 g/4 团

针…棒针 5 号，钩针 5/0 号

●成品尺寸

胸围 52 cm，肩宽 26 cm，衣长 33 cm

●编织密度

10 cm×10 cm 面积内：编织花样 30 针，32 行

●编织要点

使用手指绕线起针法，从下摆开始编织，不加、减针编织 80 行，系带的连接位置用线做标记。接下来，先用余线继续编织右侧，肩部休针待用，然后编织左侧。

组合　前、后片编织方法相同，将两片肩部正面相对对齐做引拔接合。在指定位置接线编织系带。

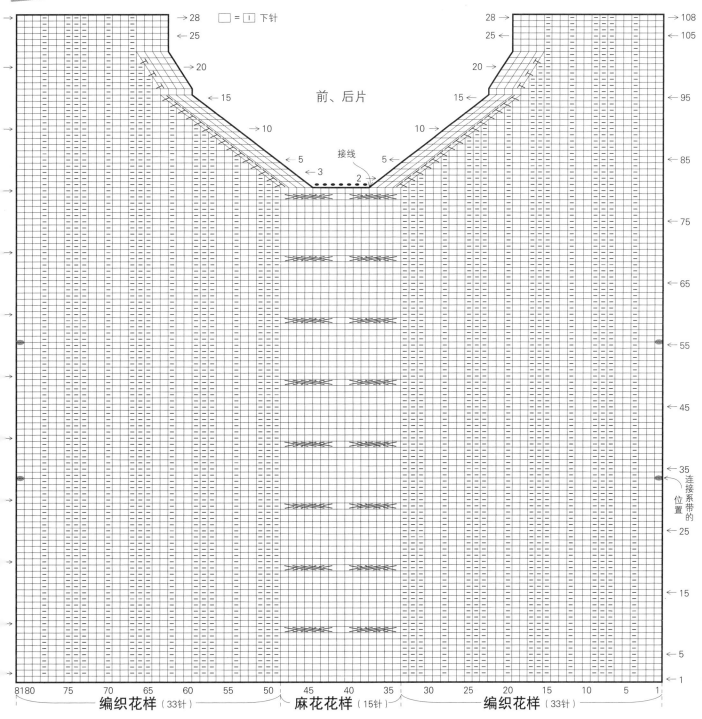

前、后片

□ = [下针

→ 28
← 25
→ 20
← 15
→ 10
5
→ 3　接线　2

→ 108
← 105
→ 95
← 85
← 75
← 65
← 55
← 45
← 35　连接系带的位置
← 25
← 15
← 5
← 1

编织花样（33针）　　麻花花样（15针）　　编织花样（33针）

81 80　75　70　65　60　55　50　45　40　35　30　25　20　15　10　5　1

8
10 页
6~12 个月

● 所需材料
毛线…中粗棉线 A 米黄色 300 g/6 团
配件…长 2 cm 的牛角扣 6 枚，直径 11.5 mm 的纽扣 6 枚
针…棒针 5 号，钩针 5/0 号

● 成品尺寸
胸围 66 cm，肩宽 22 cm，衣长 45 cm，袖长 24 cm

● 编织密度
10 cm×10 cm 面积内：下针编织 22 针，30 行；
编织花样 B 22 针，32.5 行

● 编织要点
前、后片使用手指绕线起针法，从下摆开始编织。袖窿处依次编织伏针收针，肩部休针。前片为左右对称的两片。

组合　肩部做引拔接合，从身片挑针编织帽子、袖子。将帽子最后一行的针目从中间分开，移至两根棒针上，正面相对对齐进行引拔接合。胁、袖下使用毛线缝针做挑针缝合，在胁边接上系带。在下摆的指定位置钉缝 6 枚纽扣。

加长部分　使用同样的起针方法，不加、减针编织，最后一行做引拔收针，编织出纽襻，连接上系带。

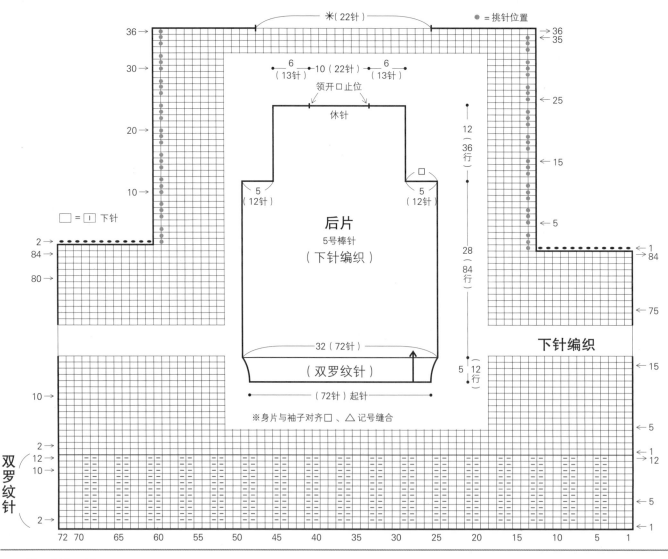

□ = ① 下针
☀（22针）
● = 挑针位置
6（13针）　10（22针）　6（13针）
领开口止位
休针
5（12针）　　5（12针）
12（36行）
后片
5号棒针
（下针编织）
25
15
5
28（84行）
32（72针）
（双罗纹针）
5（12行）
（72针）起针
下针编织
※身片与袖子对齐□、△记号缝合

●2针下针与1针上针的右上交叉

※左上交叉见第88页

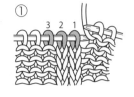 ①  ② 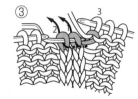 ③ 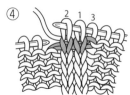 ④

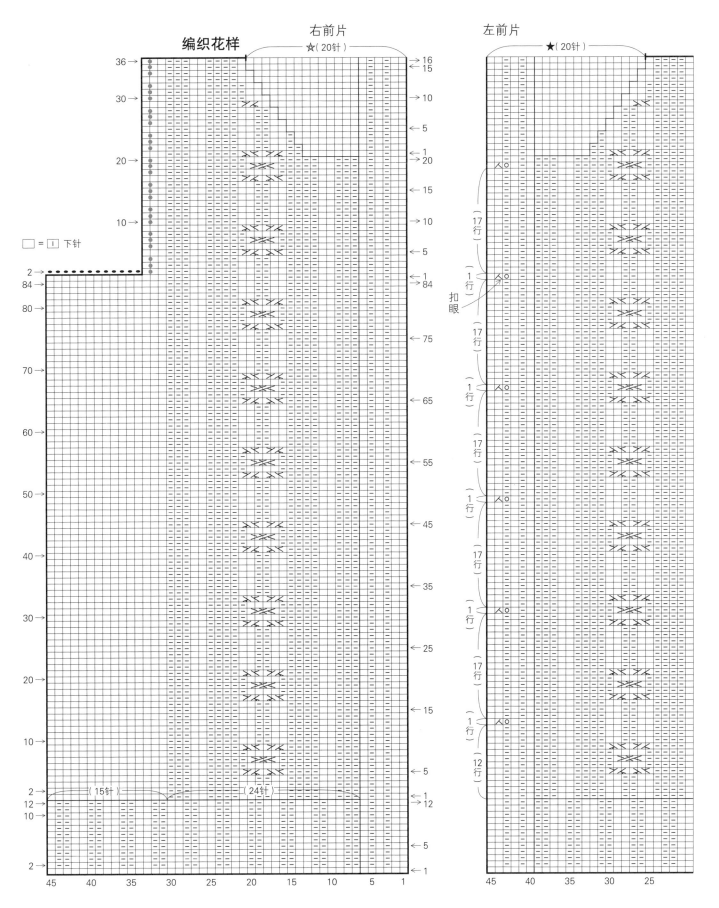

编织花样

右前片

☆（20针）

左前片

★（20针）

□ = Ｉ 下针

扣眼

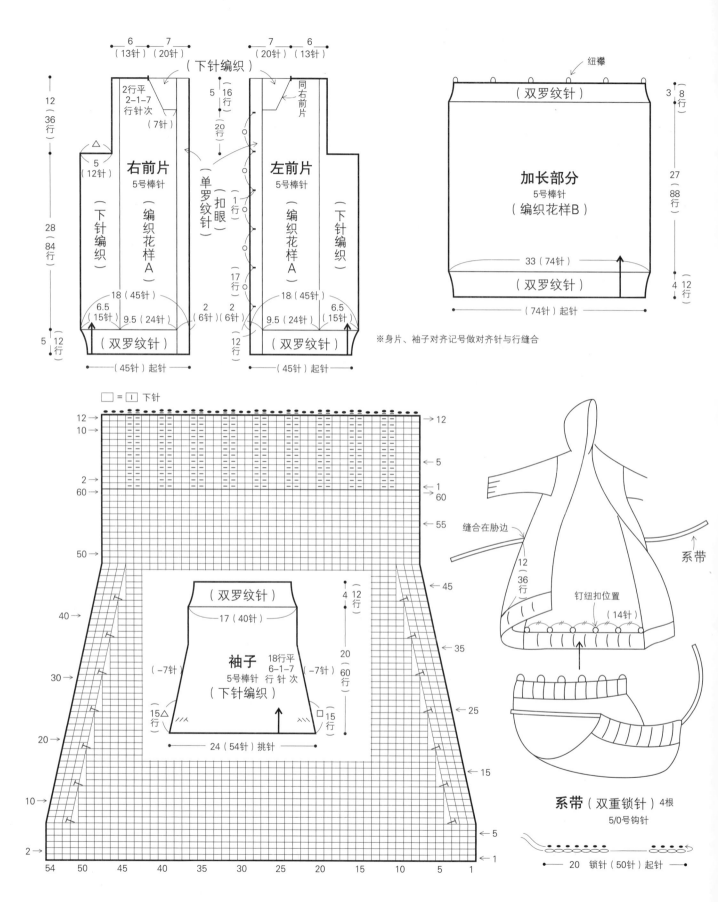

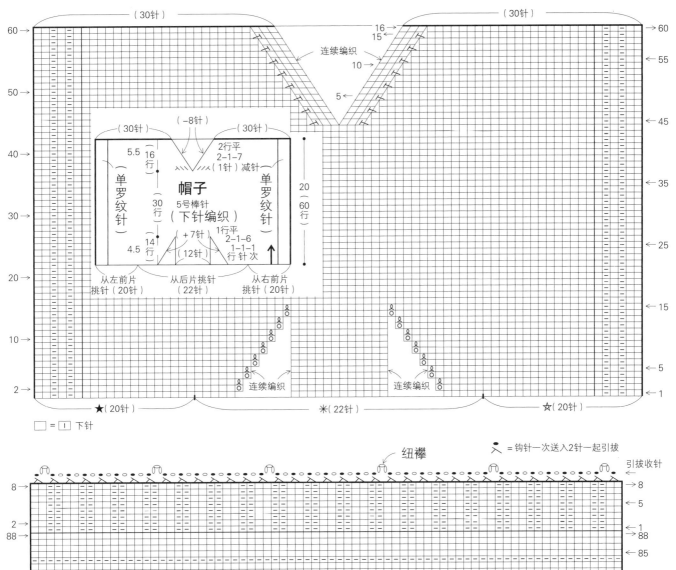

□ = ☐ 下针

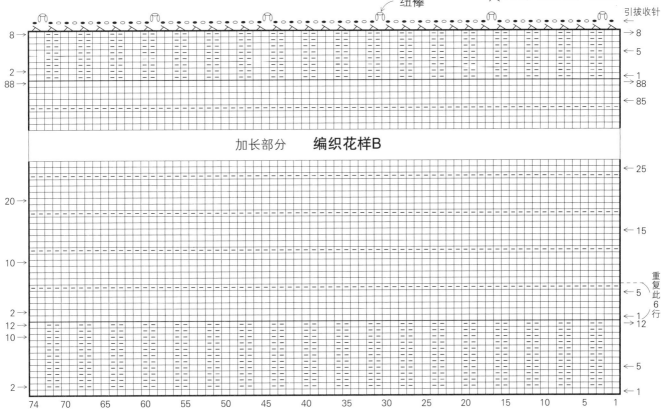

纽襻

入 = 钩针一次送入2针一起引拔

引拔收针

加长部分　编织花样B

重复此6行

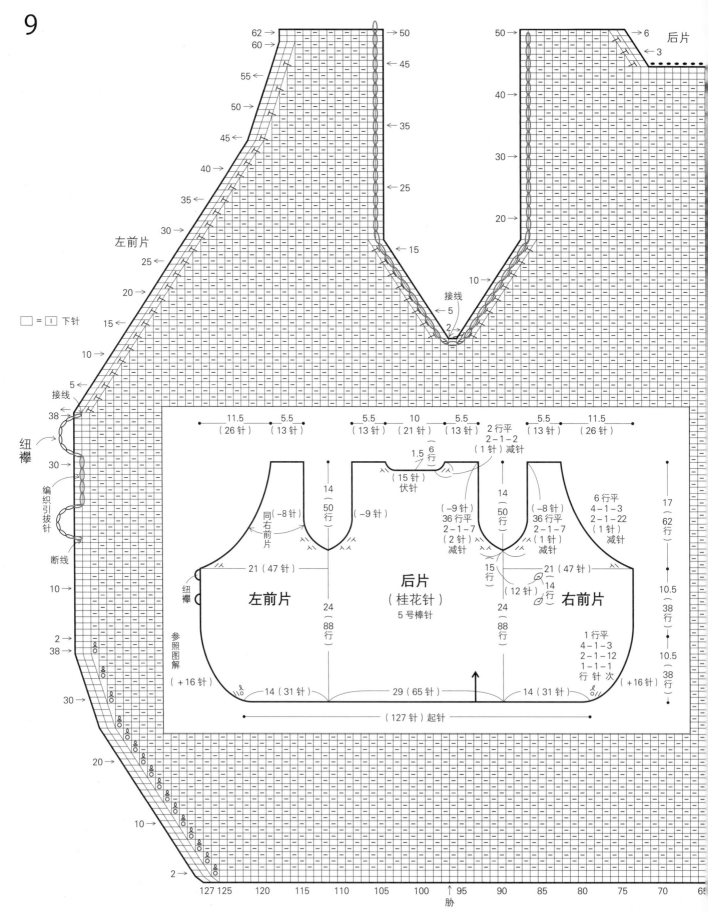

9

左前片

□ = ⌑ 下针

接线

纽襻

编织引拔针

断线

后片

接线

左前片

右前片

参照图解
（+16针）

左前片
（桂花针）

后片
（桂花针）
5号棒针

右前片

纽襻

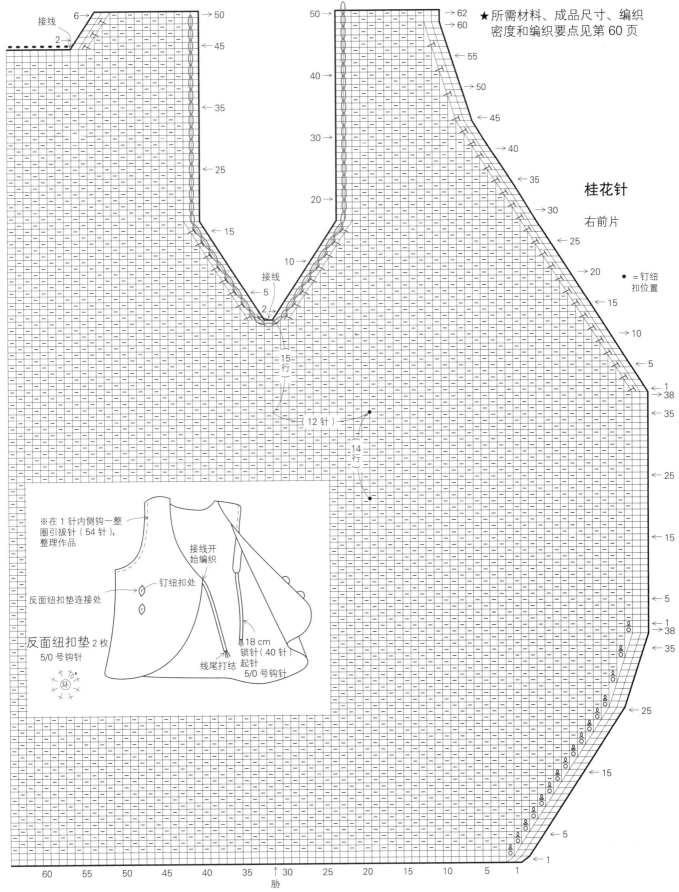

接线

6→

2→

→50
→45
→35
→25
→15

接线

5→
2→

（15行）

（12针）

（14行）

50→
→62
→60

40→

→55

30→

→50
→45

20→

→40
→35

10→

→30

5→

→25
→20
→15
→10

→5

→1
→38
→35

→25

→15

→5

→1
→38
→35

→25

→15

→5
→1

★所需材料、成品尺寸、编织
密度和编织要点见第60页

桂花针

右前片

• =钉纽
扣位置

※在1针内侧钩一整
圈引拔针（54针），
整理作品

反面纽扣垫连接处

钉纽扣处

接线开
始编织

反面纽扣垫2枚
5/0号钩针

线尾打结

18 cm
锁针（40针）
起针
5/0号钩针

60 55 50 45 40 35 30 25 20 15 10 5 1
胁

10

13 页
6、12 个月

● 所需材料
毛线…和麻纳卡 6 个月：Paume Crochet草木染（中细）土红色（73）20 g/1团；12个月：中粗有机棉线B 可可色30 g/2团
配件…6 个月：直径15 mm的纽扣2枚；12个月：直径18 mm的纽扣2枚
针…钩针4/0号、5/0号
● 成品尺寸
参见图解

● 编织要点
6个月和12个月的鞋子虽然用线不同，但是编织方法一样。鞋底起15针锁针，挑起锁针半针和里山开始编织。对侧从锁针余下的半针挑针，形成环形编织。编织完鞋底后断线，从指定位置接线编织鞋帮。鞋面是另外编织的，将鞋面、鞋帮按图示对齐，2片合在一起钩短针，最后制作纽襻。

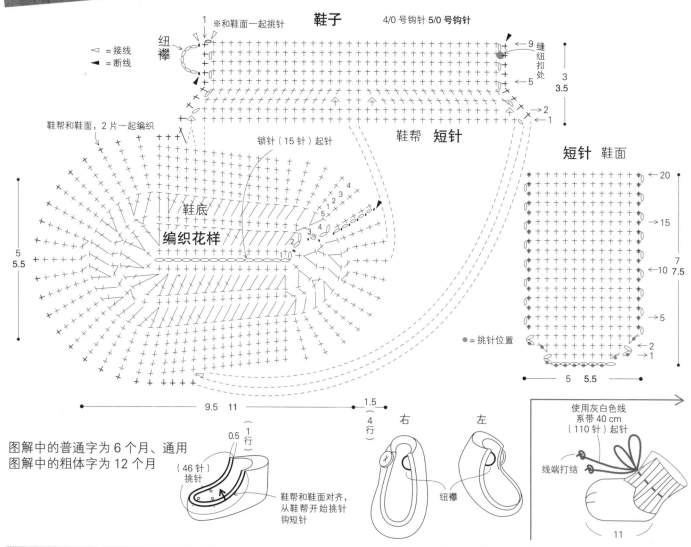

△ = 接线
▲ = 断线

纽襻

1 ※和鞋面一起挑针

鞋子　4/0 号钩针 5/0 号钩针

缝纽扣处

←9
←5
→2
←1

3
3.5

鞋帮和鞋面，2 片一起编织

锁针（15 针）起针

鞋帮　短针

鞋底
编织花样

短针　鞋面

←20
→15
←10 7.5
7
→5
←2
→1

5 5.5

● = 挑针位置

5 5.5

9.5 11

1.5（4 行）

0.5
（1 行）

（46 针）挑针

鞋帮和鞋面对齐，从鞋帮开始挑针钩短针

右　左

纽襻

使用灰白色线
系带 40 cm（110 针）起针

线端打结

11

图解中的普通字为 6 个月、通用
图解中的粗体字为 12 个月

9

12 页
6~18 个月

● 所需材料
毛线…中粗棉线 B 浅褐色 130 g/6 团
配件…20 mm×25 mm 的纽扣 2 枚
针…棒针 5 号，钩针 5/0 号
● 成品尺寸
胸围 58 cm，肩宽 21 cm，衣长 38 cm
● 编织密度
10 cm × 10 cm 面积内：编织花样 22 针，36 行
● 编织要点
右前片、后片和左前片连在一起编织，使用手

指绕线起针法，从下摆开始编织，门襟前端编织加针。编织了前领口的 12 行减针后，用余线继续编织右前片，再分别接上新线编织后片和左前片。
组合　肩部正面相对对齐做引拔接合，袖窿在 1 针内侧编织引拔针并藏好线头。左门襟前端编织纽襻，相应位置编织系带。

◀ 接第 58 页

11

13 页
12 个月

●所需材料

毛线…和麻纳卡 Paume baby color（中粗）蓝色（95）20 g/1 团、中粗有机棉线 A 茶色 5 g/1 团

针…钩针 5/0 号

●成品尺寸

参见图解

●编织要点

鞋底起 15 针锁针，从锁针的半针和里山挑针开

始编织。对侧从锁针余下的半针挑针，按编织花样环形编织 4 行。鞋帮编织短针，鞋头、鞋跟在指定位置编织 2 针短针并 1 针的减针，一共编织 6 行。接下来换茶色线，在每一针短针里编织 1 针锁针、1 针引拔针，注意两侧各有 2 处是跳过 1 针短针钩锁针的。使用茶色线制作 2 个毛球，缝在鞋头的指定位置。

※ 与作品 2 中的鞋子是同款设计

鞋子 5/0 号钩针

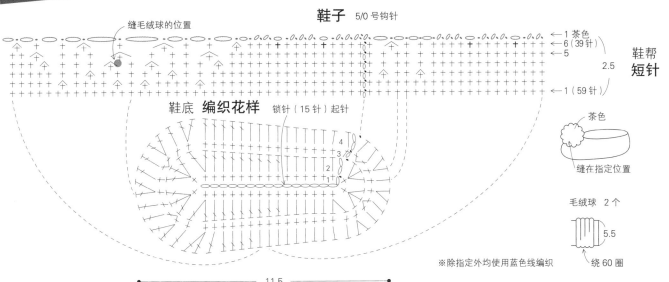

缝毛绒球的位置

鞋帮 短针

←1 茶色
←6（39 针）
←5
2.5
←1（59 针）

鞋底 **编织花样** 锁针（15 针）起针

茶色
缝在指定位置

毛绒球 2 个

5.5
绕 60 圈

※除指定外均使用蓝色线编织

11.5

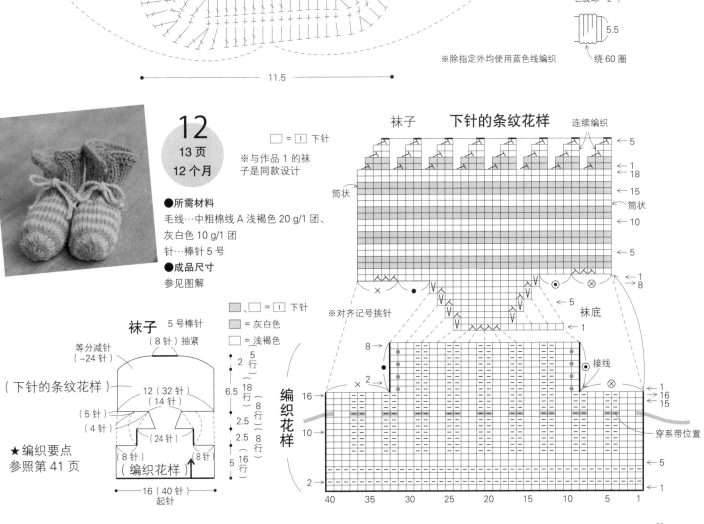

12

13 页
12 个月

□ = Ⅰ 下针

※与作品 1 的袜子是同款设计

●所需材料

毛线…中粗棉线 A 浅褐色 20 g/1 团、灰白色 10 g/1 团

针…棒针 5 号

●成品尺寸

参见图解

袜子 下针的条纹花样 连续编织

←5
←1
←18
筒状
←15
筒状
←10
←5
←1
←8

□、□ = Ⅰ 下针
■ = 灰白色
□ = 浅褐色

※对齐记号挑针

袜底

←5
←1

接线

袜子 5 号棒针
（8 针）抽紧

等分减针
（−24 针）

（下针的条纹花样）

12（32 针）
（14 针）

（5 针）
（4 针）

（24 针）

（8 针）　（8 针）

（编织花样）

★编织要点
参照第 41 页

16（40 针）
起针

2
5 行
18
6.5
2.5
2.5
5

编织花样

穿系带位置

←1
←16
←15

←5
←1

40　35　30　25　20　15　10　5　1

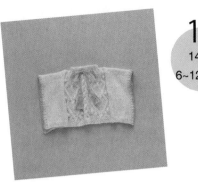

13

14 页

6~12 个月

●所需材料

毛线⋯中粗棉线 A 灰白色 140 g/3 团、芥末黄色 10 g/1 团

针⋯棒针 5 号，钩针 5/0 号

●成品尺寸

长 22 cm，连肩袖长 23 cm

●编织密度

10 cm × 10 cm 面积内：下针编织 23 针，30 行；编织花样 28 针，30 行

●编织要点

使用手指绕线起针法，从下摆开始编织，参照图解进行花样排布。肩部休针，领子部分继续编织，最后一行做下针织下针、上针织上针的伏针收针。后片和前片的编织方法一样。

组合 肩部正面相对对齐做引拔接合。两端做边缘编织并藏好线头，前、后领子做挑针缝合。穿上系带，完成作品。

系带（锁针）5/0号钩针
芥末黄色

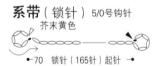

●70 锁针（165针）起针 →

系带

18 cm × 15根对折2次

6

修剪

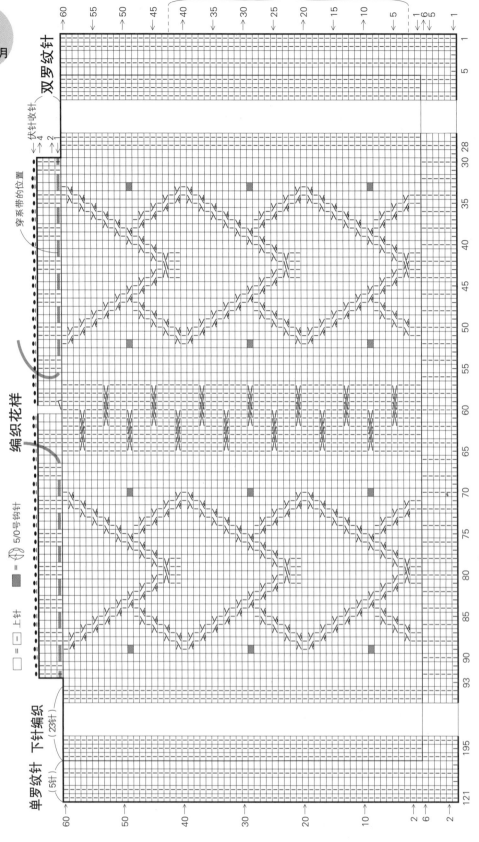

□=□ 上针

■= 5/0号钩针

= 5/0号钩针

双罗纹针

穿系带的位置

编织花样

单罗纹针 下针编织

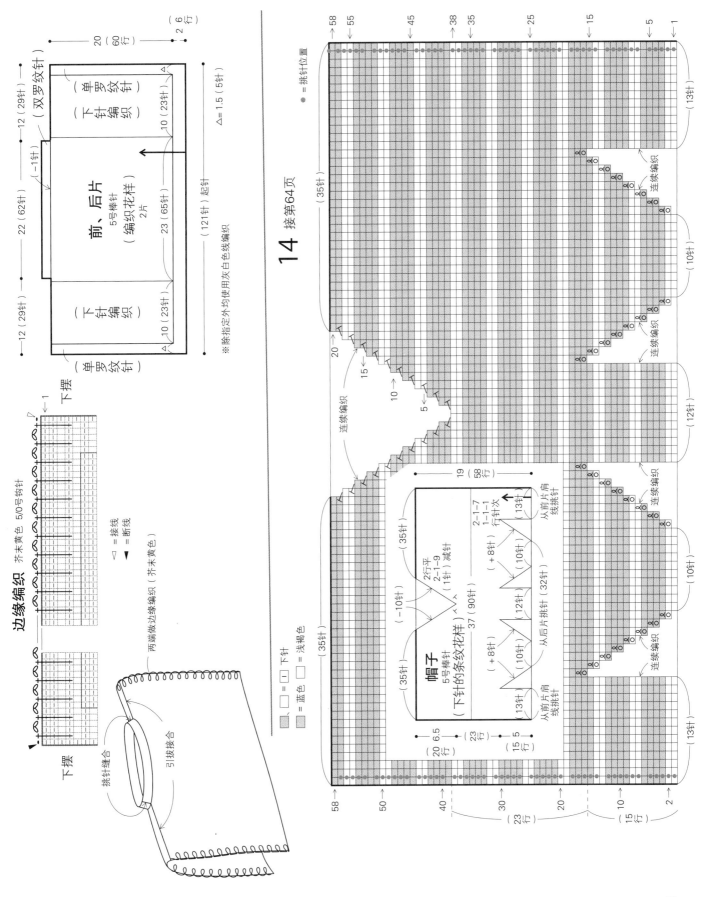

14 接第64页

14

15 页

6~18 个月

● 所需材料

毛线…和麻纳卡 Flax K（中粗）蓝色（211）100 g/4 团、浅褐色（13）90 g/4 团

配件…直径 6 mm 的子母扣 2 组

针…棒针 5 号，钩针 5/0 号

● 成品尺寸

长 30.5 cm，连肩袖长 30.5 cm

● 编织密度

10 cm×10 cm 面积内：下针的条纹花样 24 针，30 行

● 编织要点

使用手指绕线起针法起 50 针，从下摆开始编织，从第 2 行开始，取中间 48 针在两胁的指定位置编织挂针，下一行在挂针上方编织扭针，形成加针。前片编织 54 行之后，分成左、右片编织。组合 肩部正面相对齐做引拔接合，帽子从身片挑针编织，最后将帽子的针目均分到两根棒针上，正面相对齐，使用与肩部同样的方法接合。前开口和帽口、下摆和袖口分别挑针编织，完成作品。

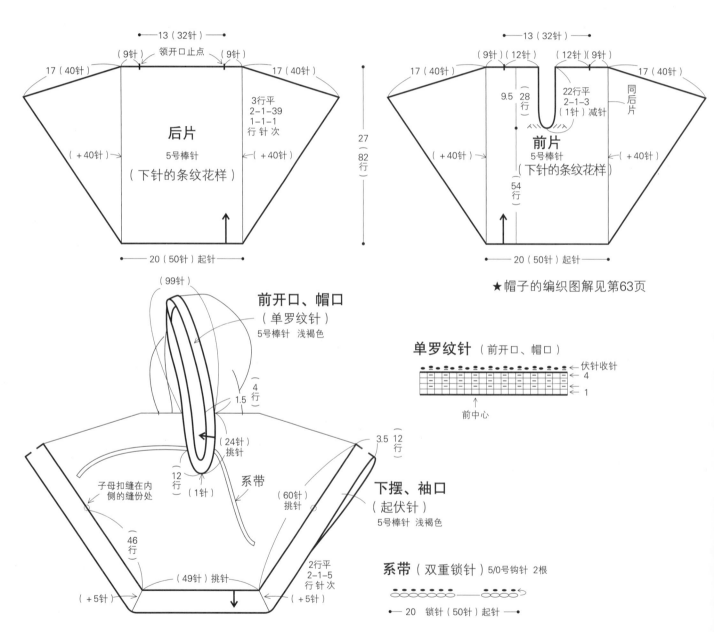

后片

5号棒针

（下针的条纹花样）

13（32针）

（9针）　领开口止点　（9针）

17（40针）　　　　　　17（40针）

3行平

2-1-39

1-1-1

行 针 次

（+40针）　　　　　　（+40针）

20（50针）起针

27（82行）

前片

5号棒针

（下针的条纹花样）

13（32针）

（9针）（12针）　（12针）（9针）

17（40针）　　　　　　17（40针）　同后片

9.5　28行　22行平　2-1-3（1针）减针

（+40针）　　　　　　（+40针）

54行

20（50针）起针

★帽子的编织图解见第63页

前开口、帽口

（单罗纹针）

5号棒针　浅褐色

（99针）

1.5　4行

（24针）挑针

12行（1针）

系带

3.5　12行

子母扣缝在内侧的缝份处

46行

（49针）挑针

（+5针）　　　（+5针）

2行平

2-1-5

行 针 次

（60针）挑针

下摆、袖口

（起伏针）

5号棒针　浅褐色

单罗纹针（前开口、帽口）

伏针收针　4

1

前中心

系带（双重锁针）5/0号钩针 2根

20　锁针（50针）起针

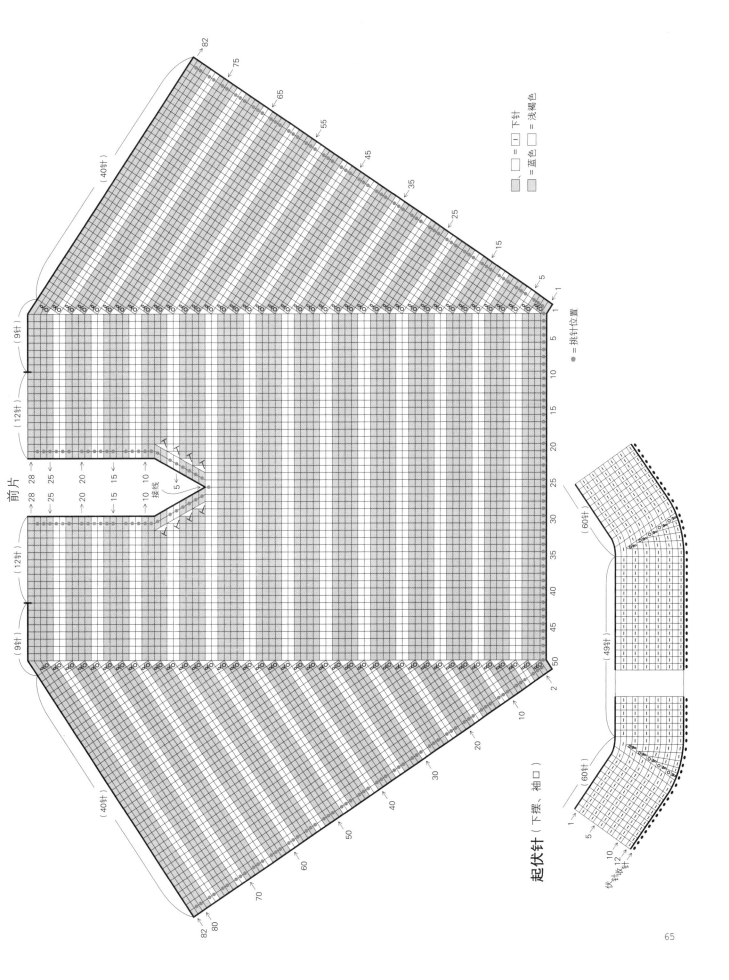

前片

起伏针（下摆、袖口）

□、□ = 下针
□ = 蓝色
□ = 浅褐色

● = 挑针位置

15、16

17页
6、18个月

● 所需材料

毛线…和麻纳卡 Flax K（中粗）6个月：靛蓝色（16）110 g/5团、白色（11）20 g/1团；18个月：灰茶色（14）140 g/6团、白色（11）25 g/1团

配件…直径15 mm的纽扣各4枚、直径6 mm的子母扣各5组

针…棒针5号，钩针5/0号

● 成品尺寸

6个月：胸围50 cm，衣长36.5 cm，连肩袖长12.5 cm

18个月：胸围54 cm，衣长42 cm，连肩袖长13.5 cm

● 编织密度

10 cm×10 cm面积内：下针编织24针，30行

● 编织要点

使用手指绕线起针法，从裤腿处开始编织。后片在指定位置编织减针，然后继续编织，前片则在减针后分开编织，先编织完左前片，右前片中央侧的前15针与左前片中央侧的前15针重叠。

组合 肩部做引拔接合，胁线使用毛线缝针做挑针缝合。下裆挑针编织，并藏好线头。水手领、口袋为另外编织，水手领与领窝做卷针缝，口袋在指定位置进行缝合。

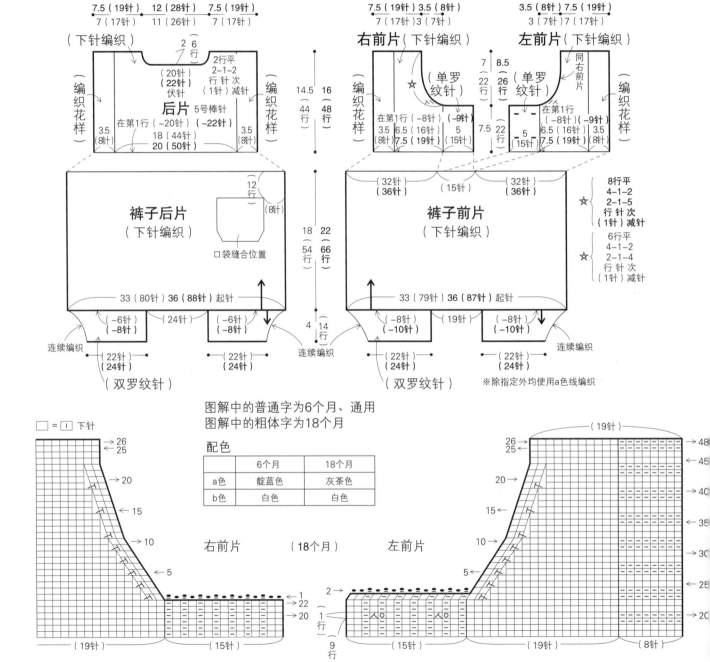

图解中的普通字为6个月、通用
图解中的粗体字为18个月

□ = ⊡ 下针

配色

	6个月	18个月
a色	靛蓝色	灰茶色
b色	白色	白色

右前片　（18个月）　左前片

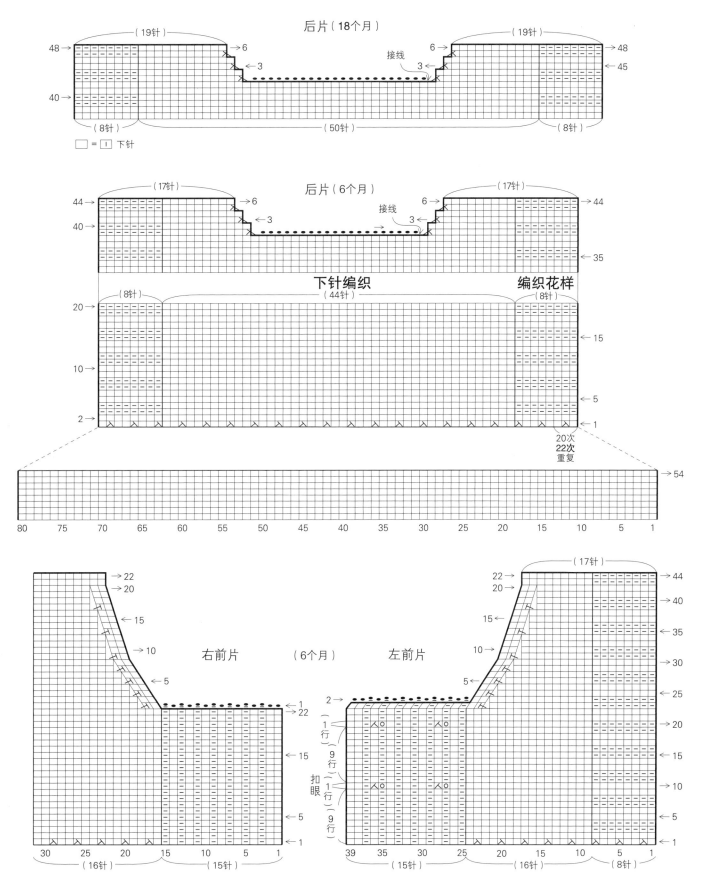

后片（18个月）

后片（6个月）

接线

下针编织

编织花样

右前片　（6个月）　左前片

扣眼

□ = | 下针

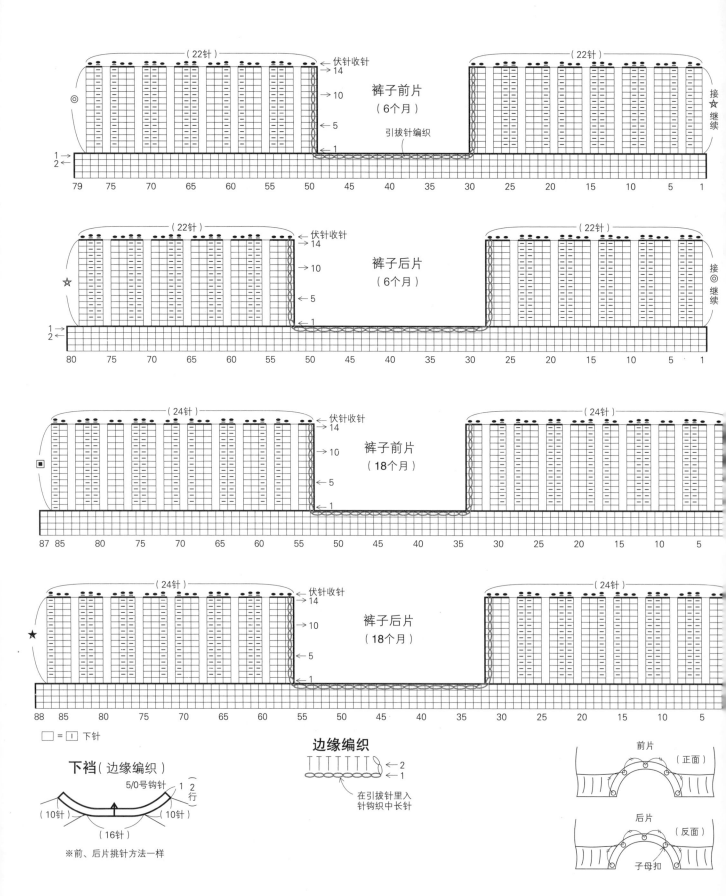

裤子前片
（6个月）

←伏针收针
14
→10
←5
←1

引拔针编织

接☆继续

（22针）

79 75 70 65 60 55 50 45 40 35 30 25 20 15 10 5 1
1
2

裤子后片
（6个月）

←伏针收针
14
→10
←5
←1

接◎继续

（22针）

80 75 70 65 60 55 50 45 40 35 30 25 20 15 10 5 1
1
2

裤子前片
（18个月）

←伏针收针
14
→10
←5
←1

（24针）

87 85 80 75 70 65 60 55 50 45 40 35 30 25 20 15 10 5

裤子后片
（18个月）

←伏针收针
14
→10
←5
←1

（24针）

88 85 80 75 70 65 60 55 50 45 40 35 30 25 20 15 10 5

□ = □ 下针

下档（边缘编织）
5/0号钩针
1 ﹜2 行
（10针） （10针）
（16针）
※前、后片挑针方法一样

边缘编织
←2
←1
在引拔针里入
针钩织中长针

前片
（正面）

后片
（反面）
子母扣

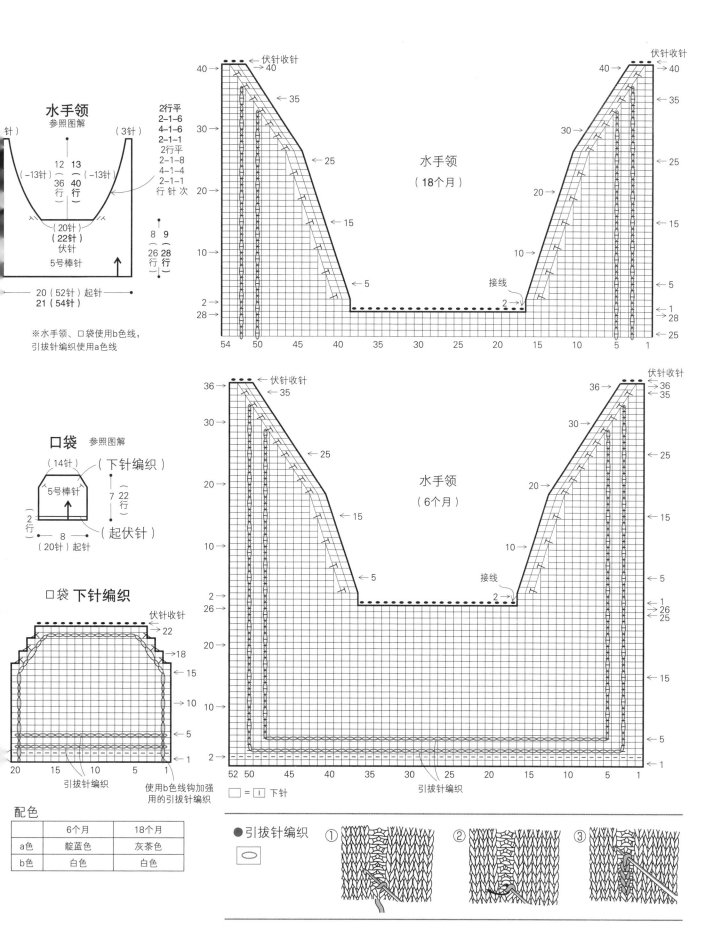

水手领
参照图解

（针）　　　　　（3针）

12　13
（-13针）　（-13针）
36　40
行　　行

2行平
2-1-6
4-1-6
2-1-1
2行平
2-1-8
4-1-4
2-1-1
行 针 次

8　9
（　）（　）
26　28
行　　行

（20针）
（22针）
伏针

5号棒针

20（52针）起针
21（54针）

※水手领、口袋使用b色线，
引拔针编织使用a色线

口袋　参照图解

（14针）　（下针编织）

5号棒针

7　22
行

2
行

8
（20针）起针　（起伏针）

口袋　下针编织

伏针收针
22
18
15
10
5
1

20　15　10　5　1

引拔针编织

使用b色线钩加强
用的引拔针编织

配色

	6个月	18个月
a色	靛蓝色	灰茶色
b色	白色	白色

水手领
（18个月）

伏针收针
→40
35
30→
25
20→
15
10→
5
接线
2
1
28
25

54　50　45　40　35　30　25　20　15　10　5　1

水手领
（6个月）

伏针收针
→36
35
30→
25
20→
15
10→
5
接线
2
1
26
25

52　50　45　40　35　30　25　20　15　10　5　1

引拔针编织

□ = ｜ 下针

●引拔针编织

○

① ② ③

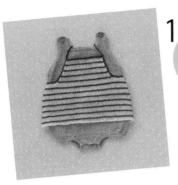

17、18

18、19页
6、18个月

●所需材料

毛线…连体服　和麻纳卡　6个月：Paume无垢棉　皮马棉（中粗）原白色（81）100 g/4团；18个月：Paume　彩土染（中粗）浅灰色（45）120 g/5团；围裙　和麻纳卡Flax C（中细）6个月：白色（1）25 g、红色（103）15 g/各1团；18个月：白色（1）30 g/2团、蓝色（111）20 g/1团

配件…直径18 mm的纽扣各2枚、直径9 mm的子母扣各3组

针…棒针5号、4号，钩针5/0号、4/0号

●成品尺寸

连体服
6个月：胸围54 cm，肩宽17 cm，衣长31.5 cm
18个月：胸围58 cm，肩宽18 cm，衣长38 cm

●编织密度

10 cm×10 cm面积内：下针编织24针，31行；条纹配色花样27.5针，40行

●编织要点

连体服　使用手指绕线起针法，从裆部开始编织。臀部在指定位置挑针编织。

围裙　从下摆开始编织，起针方法同连体服。编织条纹配色花样时，在侧边渡线。

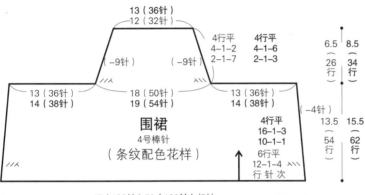

13（36针）
12（32针）

4行平
4-1-2
2-1-7

4行平
4-1-6
2-1-3

6.5　8.5
26行　34行

（-9针）　（-9针）

13（36针）　18（50针）　13（36针）
14（38针）　19（54针）　14（38针）

（-4针）

围裙
4号棒针
（条纹配色花样）

4行平
16-1-3
10-1-1

6行平
12-1-4
行 针次

13.5　15.5
54行　62行

47（130针）50（138针）起针

图解中的普通字为6个月、通用
图解中的粗体字为18个月

配色

	6个月	18个月
a色	白色	白色
b色	红色	蓝色

连体服
袖窿、领口（边缘编织） 5/0号钩针

（53针）
（57针）
挑针

（49针）
（53针）
挑针

12
13.5

0.5

（74针）
（80针）
挑针

31.5
38

挑针缝合

系带、袖窿的编织顺序

b色　4/0号钩针

42　锁针（100针）
38　锁针（90针）起针

系带

2

系带

1

袖窿

（20针）
（16针）

系带

（38针）
（36针）

42　锁针（100针）
38　锁针（90针）起针

1

2

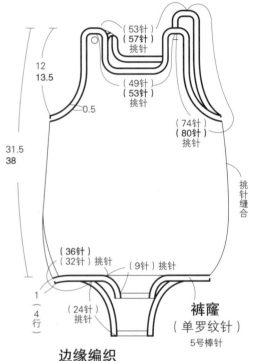

（36针）
（32针）挑针

（9针）挑针

1
（4行）

（24针）
挑针

裤窿
（单罗纹针）
5号棒针

边缘编织

＋＋＋＋＋○＋＋＋＋＋　←1
←引拔针编织
胁

※第1行的短针分开引拔针的针目，包住身片缝合的地方挑针钩织

系带、袖窿的编织方法

系带　　袖窿　　系带

＋＋　＋＋＋＋＋＋　＋＋＋＋＋＋　＋＋○

（90针）　（52针）　（90针）
（100针）　（58针）　（100针）

从锁针的半针和里山挑针

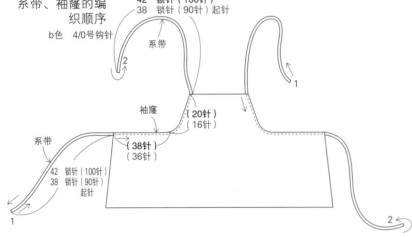

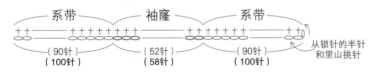

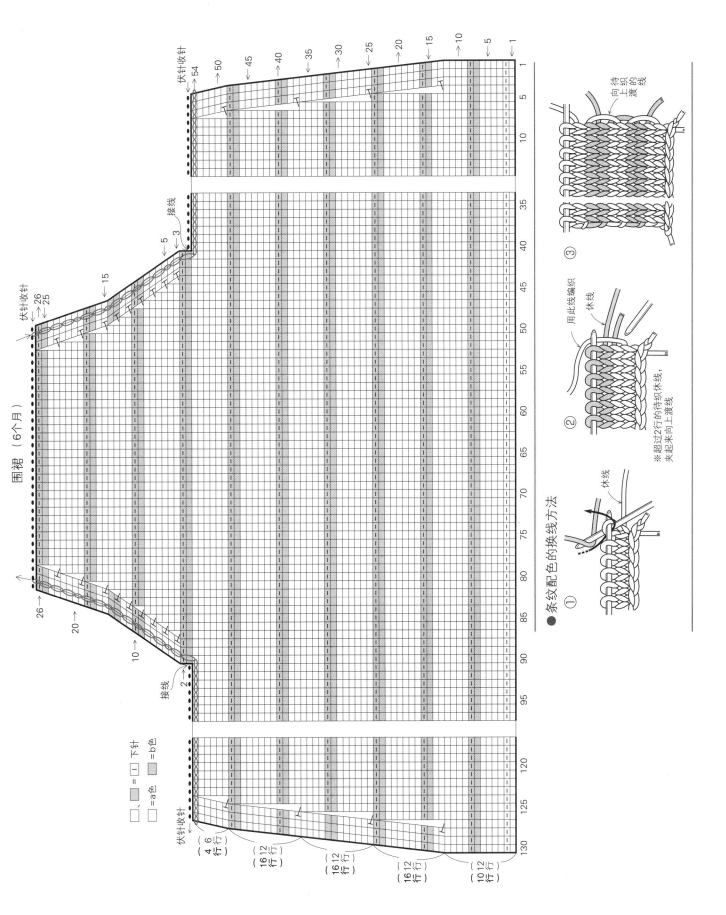

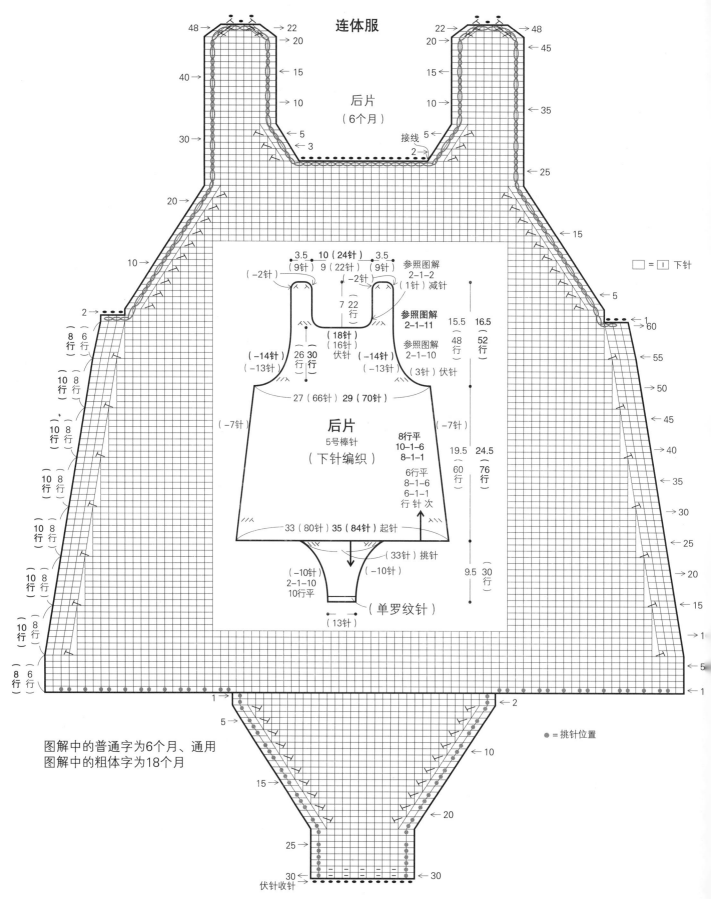

连体服

后片
（6个月）

接线

后片
5号棒针
（下针编织）

图解中的普通字为6个月、通用
图解中的粗体字为18个月

□ = □ 下针

● = 挑针位置

伏针收针

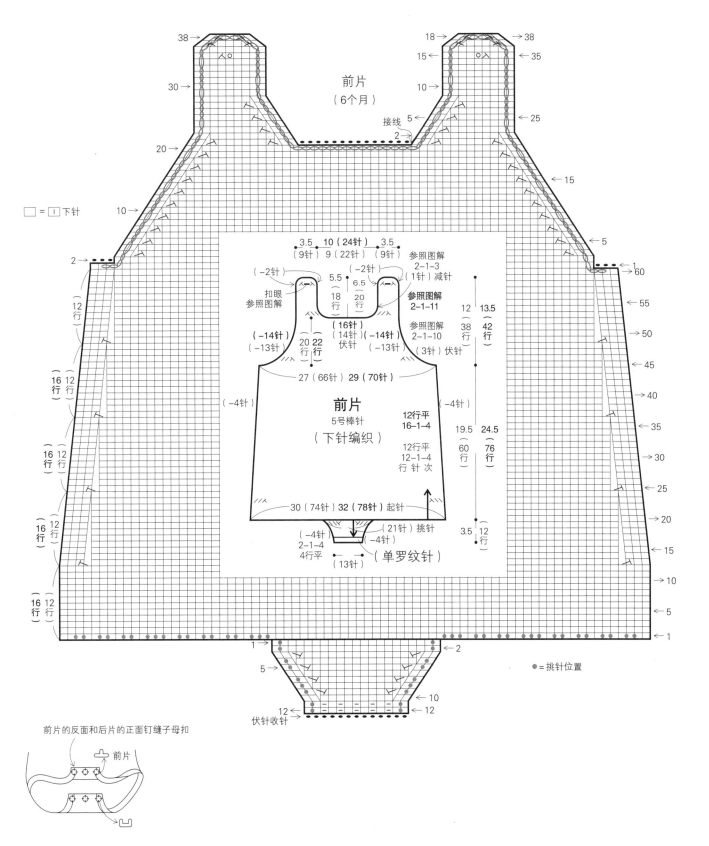

□ = I 下针

● = 挑针位置

前片
（6个月）

前片
5号棒针
（下针编织）

前片的反面和后片的正面钉缝子母扣

前片

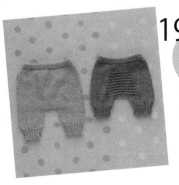

19、20

20 页
18、6 个月

● 所需材料
毛线…中粗棉线A 6个月：土红色70 g/2团，
18个月：芥末黄色90 g/2团
配件…9 mm宽的松紧带 6个月：37 cm，18
个月：41 cm
针…棒针5号

● 成品尺寸
6个月：臀围36 cm，裤长25 cm
18个月：臀围40 cm，裤长31 cm

● 编织密度
10 cm×10 cm面积内：下针编织23针，30行

● 编织要点
使用手指绕线起针法，从腰部开始环形编织。
后片在指定位置编织挂针，并在下一行编织扭
针形成加针。
组合 裆下部分正面相对对齐做引拔接合，余下
针目用于编织裤腿，注意从接合处挑起2针做为
一圈的起点。腰部向内折叠缝合，穿进松紧带。

裤子　5号棒针

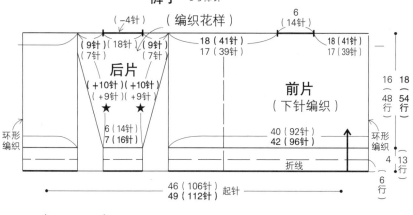

★
8行平	8行平
4-1-7	4-1-7
6-1-2	6-1-3
行 针 次	

图解中的普通字为6个月、通用
图解中的粗体字为18个月

● 起针后如何环形编织

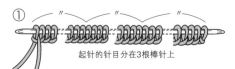

①
起针的针目分在3根棒针上

需要准备4根棒针。将起针的针目分在3根棒针上，
用第4根棒针来编织。

②
棒针2　棒针3
棒针1　棒针4

第2行，使用第4根棒针来编织，
注意起针行针目不要扭曲翻转，按
图中所示方向插入第1针编织。

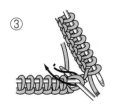

③
继续向前编织。第1根棒针上的针目织完
后，使用棒针1继续编织棒针2上的针目，一
边换针一边环形编织下去。

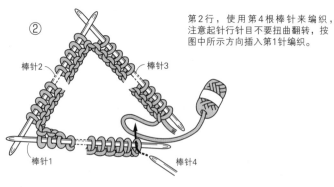

编织花样

后片 （6个月）

下针编织

□ = [I] 下针

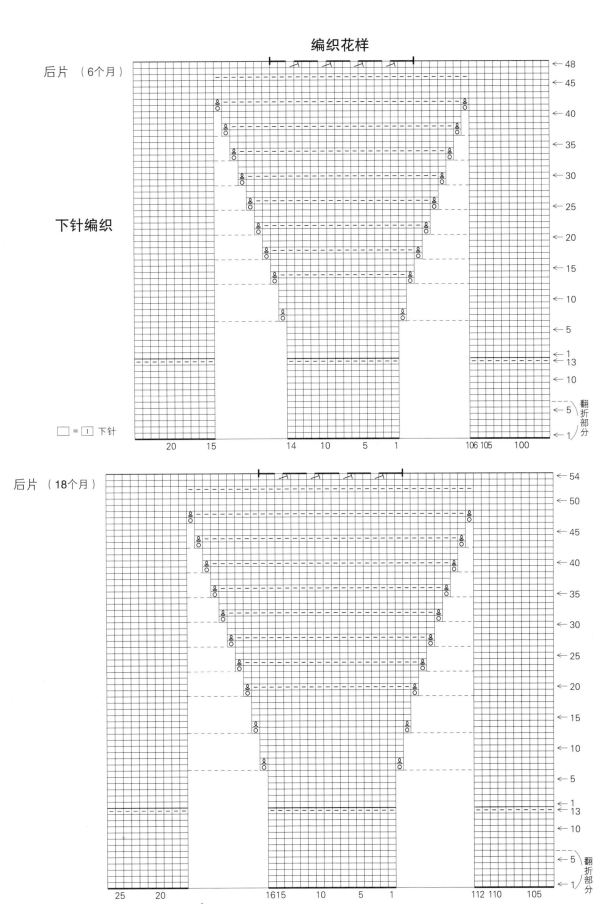

21、22

21 页

18~24 个月

●所需材料

毛线…粗棉线 作品21：原白色 60 g/3团；作品22：银灰色 40 g/2团，薄荷绿色 20 g/1团

针…棒针4号，钩针4/0号

●成品尺寸

参见图解

●编织要点

作品21：使用手指绕线起针法，不加、减针编

织。最后一行做下针织下针、上针织上针的伏针收针。

作品22：使用同样的方法起针，不加、减针编织。编织完成后，使用薄荷绿色线在指定位置做引拔针编织。

组合 作品21和22分别将织片挑针缝合成筒状。

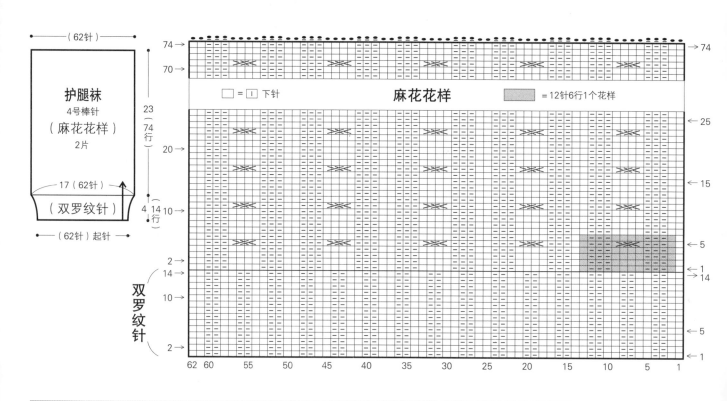

护腿袜
4号棒针
（麻花花样）
2片

□ = ｜ 下针　　麻花花样　　■ =12针6行1个花样

双罗纹针

● 左上2针交叉

① 　② 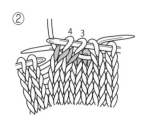　③ 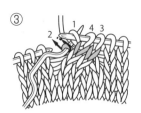　④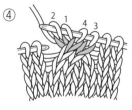

● 伏针收针
（上针）

① 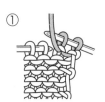　② 盖过 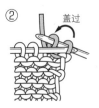　③ 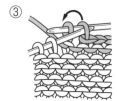　④ 顺着锁针的方向拉出来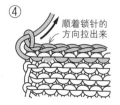

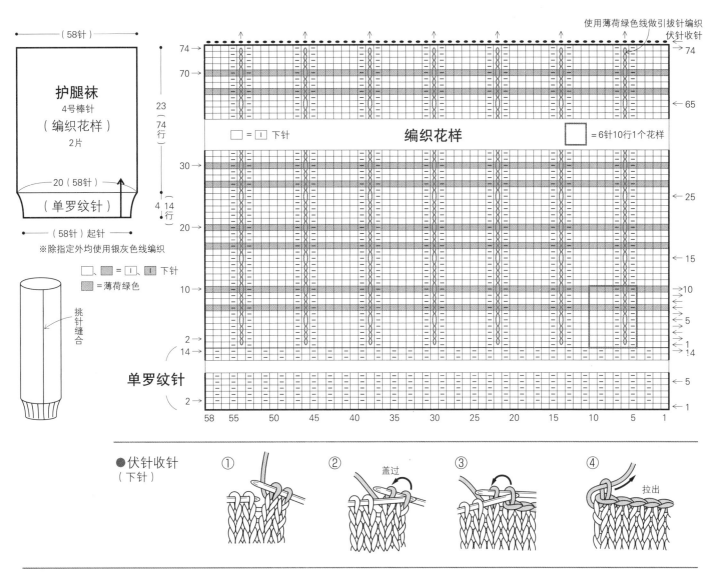

護腿襪
4号棒针
（编织花样）
2片

（58针）

20（58针）

（单罗纹针）

23（74行）

4（14行）

20（58针）起针

※除指定外均使用银灰色线编织

挑针缝合

□、▨ = I 、 □ 下针

▨ = 薄荷绿色

单罗纹针

使用薄荷绿色线做引拔针编织 伏针收针

□ = I 下针

编织花样

□ = 6针10行1个花样

●伏针收针
（下针）

① ② 盖过 ③ ④ 拉出

23 接第78页

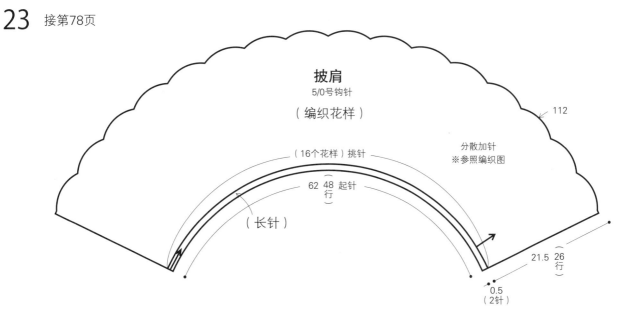

披肩
5/0号钩针
（编织花样）

112

（16个花样）挑针

分散加针
※参照编织图

62（48行）起针

（长针）

21.5（26行）

0.5（2针）

23

22 页

12~24 个月

●所需材料

毛线…粗棉线 粉色 110 g/5 团

针…钩针 5/0 号

●成品尺寸

下摆 112 cm，长 21.5 cm

●编织密度

编织花样 1 个花样 7 cm，12 行 10 cm（从第 9 行起）

●编织要点

参照图解从领口开始编织。完成编织花样 8 行，每个花样做分散加针，重复编织从第 9 行开始的那 4 行，不加、减针至完成 26。参照图解编织系带，穿在领口的指定位置。

编织花样

分散加针

1 个花样

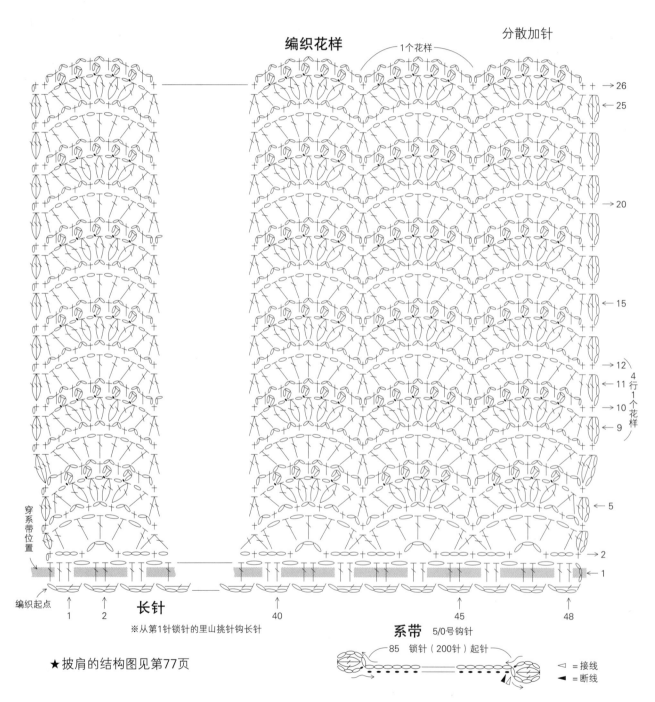

长针

※从第1针锁针的里山挑针钩长针

穿系带位置

编织起点

1　2　　　40　　　45　　48

★披肩的结构图见第77页

系带　5/0号钩针

85　锁针（200针）起针

◁ = 接线

◀ = 断线

24

23 页

12、24 个月

●所需材料

毛线…和麻纳卡 Paume 棉麻线（中粗）白色（201）12个月：30 g/2团，24个月：35 g/2团

针…棒针5号

●成品尺寸

12个月：头围43 cm，帽深16 cm

24个月：头围47 cm，帽深19 cm

●编织要点

使用手指绕线起针法，从帽口开始环形编织。帽顶的减针参照图解连续编织。编织完成后，留15 cm线头断线，用手缝针将其穿进余下的所有针目并抽紧，藏好线头。

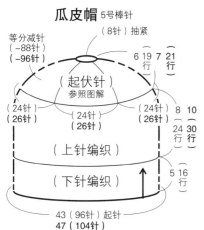

图解中的普通字为12个月、通用
图解中的粗体字为24个月

自然翻卷

瓜皮帽（24个月）

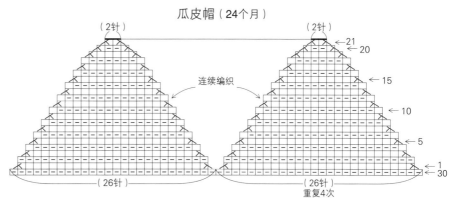

□ = l 下针

瓜皮帽（12个月）

起伏针

上针编织

下针编织

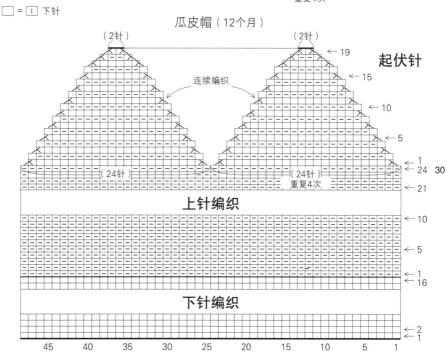

●3针锁针的狗牙针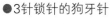

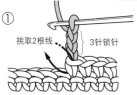
① 挑取2根线　3针锁针

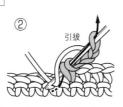
② 引拔

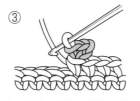
③

25

23 页

12、24个月

●所需材料

毛线…中粗棉线B 灰色 12个月：35 g/2团，24个月：40 g/2团

针…棒针5号，钩针5/0号

●成品尺寸

12个月 头围48 cm，帽深16 cm

24个月 头围50 cm，帽深17.5 cm

●编织要点

使用手指绕线起针法，从帽口开始环形编织，

先编织10行双罗纹针，再换成下针编织，参照图解做等分加针，然后不加、减针编织，帽顶减针参照图解，做6等分减针。编织完成后，留30～40 cm线头断线，用手缝针将其穿进余下针目并抽紧，然后从帽顶往下做挑针缝合，再藏好线头。帽檐单独钩织，缝到帽子的指定位置。制作毛绒球，缝合到指定位置上。

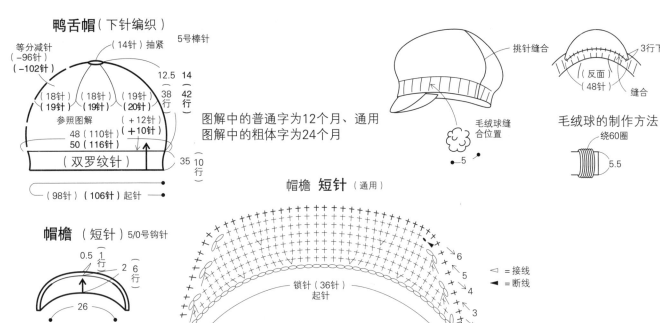

图解中的普通字为12个月、通用
图解中的粗体字为24个月

●穿线收针的方法

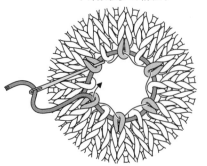

（针数较少的情况）

将线一次穿入所有的针目中，收紧。

※穿线的时候为了避免针目扭曲，将缝线在反面打结，再从针目的中间穿过，再打一次结然后断线

（针数较多的情况）

每隔1针穿线，分2次穿好后，收紧。

鸭舌帽 （12个月） 　　　下针编织

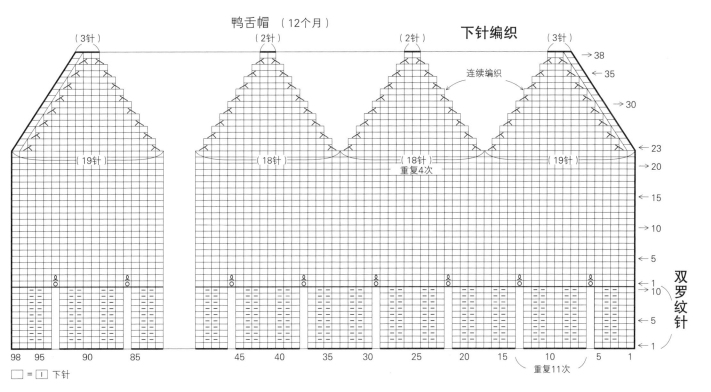

（3针）　　　　　　　（2针）　　　　　　（2针）　　　　　　　（3针）

连续编织

→38
←35
→30
←23
→20
←15
→10
←5
←1
→10
←5
←1

（19针）　　　（18针）　　（18针）　　　（19针）
　　　　　　　　　　　重复4次

双罗纹针

98　95　　90　　85　　　　45　　40　　35　　30　　25　　20　　15　　10　　5　　1

重复11次

□ = Ｉ 下针

鸭舌帽 （24个月）

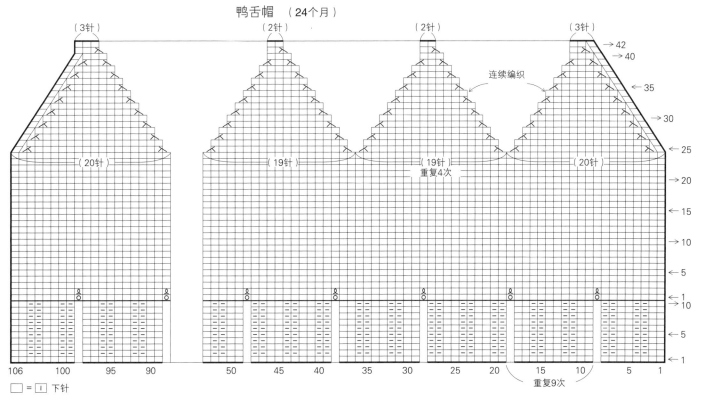

（3针）　　　　　　　（2针）　　　　　　（2针）　　　　　　　（3针）

连续编织

→42
→40
←35
→30
←25
→20
←15
→10
←5
←1
→10
←5
←1

（20针）　　　（19针）　　（19针）　　　（20针）
　　　　　　　　　　　重复4次

106　100　　95　　90　　　50　　45　　40　　35　　30　　25　　20　　15　　10　　5　　1

重复9次

□ = Ｉ 下针

26
23 页
12、24 个月

●所需材料
毛线…钻石线 Diatasmanian baby（粗）象牙白色
（307）12 个月：35 g/1 团，24 个月：40 g/1 团
配件…直径 13 mm 的纽扣 2 枚
针…钩针 5/0 号

●成品尺寸
12 个月：头围 44 cm，帽深 13 cm
24 个月：头围 47 cm，帽深 15 cm

	24个月										
行数	针数
第19行	120
第18行	120
第17行	112
第16行	112
第15行	104
第14行	104
第13行	96
第12行	96
第11行	88
第10行	80
第9行	72
第8行	64
第7行	56
第6行	48
第5行	40
第4行	32
第3行	24
第2行	16
第1行	8

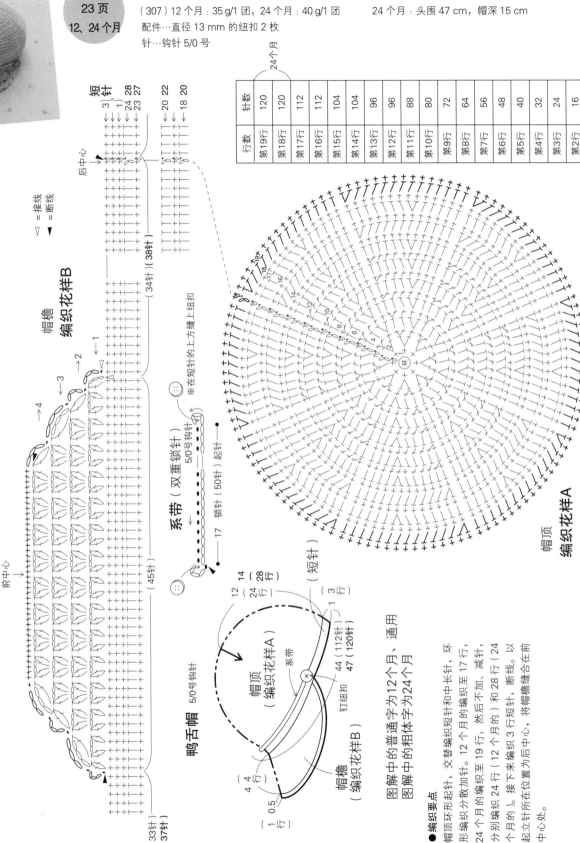

帽檐
编织花样B

短针

□=接线
▼=断线

后中心

前中心

系带（双重锁针）
5/0号钩针
锁针（50针）起针

※在短针的上方缝上纽扣

帽顶
编织花样A

鸭舌帽 5/0号钩针

帽顶
（编织花样A）
44（112针）
47（120针）

系带

钉纽扣

帽檐
（编织花样B）

●编织要点
帽顶环形起针，交替编织短针和中长针，环
形编织分散加针。12 个月的编织至 17 行，
24 个月的编织 24 行。然后不加、减针，
分别编织 24 行（12 个月的）和 28 行（24
个月的）。接下来编织 3 行短针，断线。以
起立针所在位置为后中心，将帽檐缝合在前
中心处。

图解中的普通字为12个月，通用
图解中的粗体字为24个月

82

27、28
24 页
24、12个月

●**所需材料**

毛线…中粗羊毛线A 12个月：薰衣草色110 g/3团，24个月：米色120 g/3团

配件…直径18 mm的纽扣各3枚

针…棒针8号，钩针7/0号

●**成品尺寸**

12个月：胸围61.5 cm，衣长31.5 cm，连肩袖长15 cm

24个月：胸围61.5 cm，衣长37.5 cm，连肩袖长15 cm

●**编织密度**

10 cm×10 cm面积内：下针编织19针，27行

●**编织要点**

使用手指绕线起针法，从下摆开始编织，袖口部分的花样对称排布，肩部休针。前片为对称的2片。

组合 肩部正面相对对齐做引拔接合，胁线做挑针缝合。前门襟、领口挑针编织，左前门襟编织扣眼。最后一行做下针织下针、上针织上针的伏针收针。口袋使用同样的起针方法编织2片，三条边在指定位置做引拔针编织，在指定位置按挑针缝合的要领进行连接。

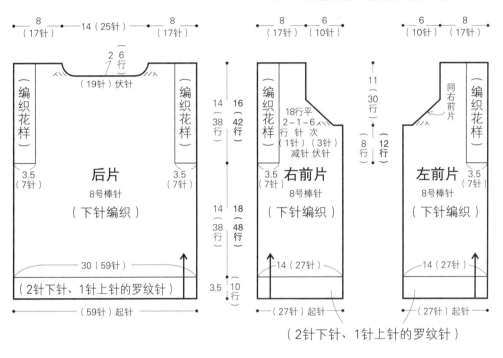

图解中的普通字为12个月、通用
图解中的粗体字为24个月

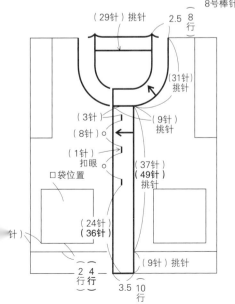

□袋（桂花针）
8号棒针
2片
8.5（26行）
8.5
（15针）起针

□袋 桂花针
引拔针编织
7/0号钩针

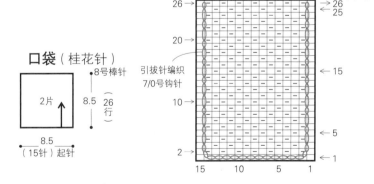

扣眼（左前门襟）

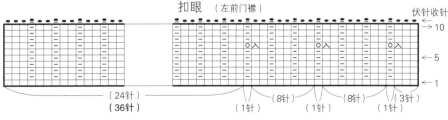

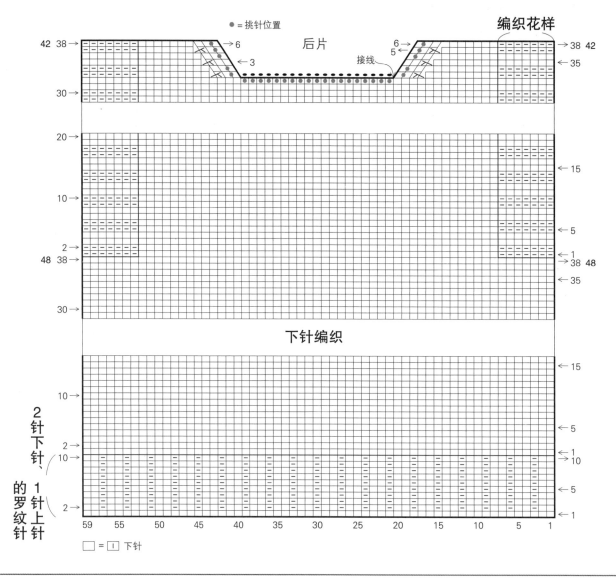

● = 挑针位置

编织花样

后片

接线

下针编织

2针下针、1针上针的罗纹针

□ = |I| 下针

● 引拔接合
织片正面朝里相对

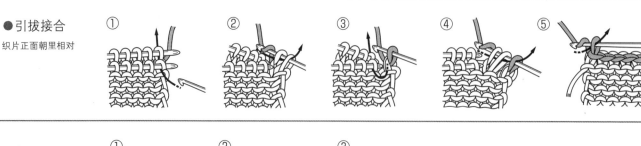

① ② ③ ④ ⑤

● 挑针缝合

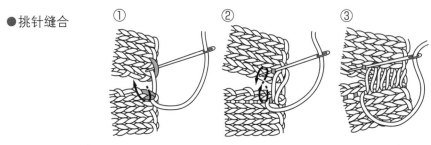

① ② ③

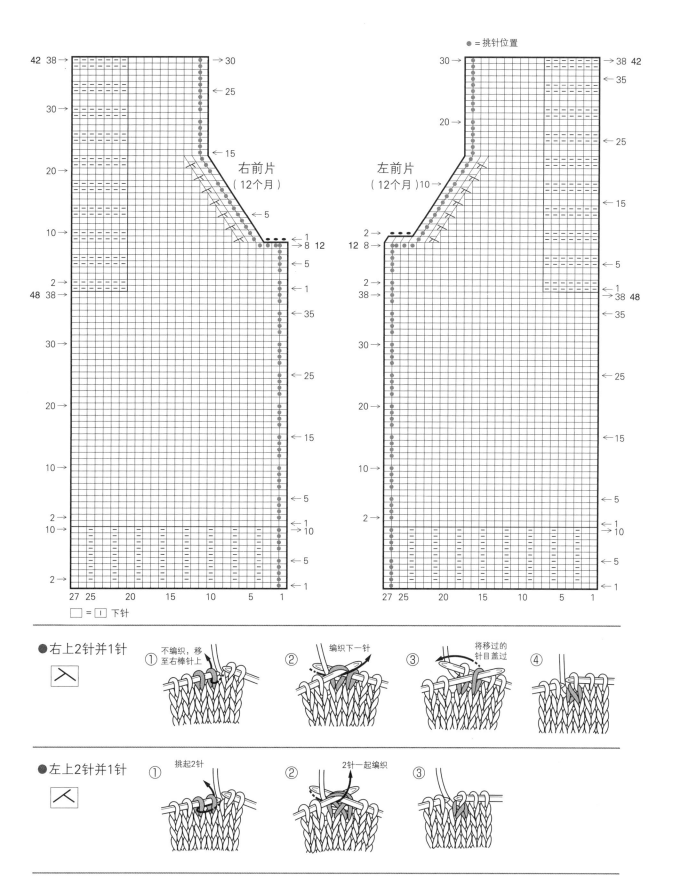

● = 挑针位置

→30
←25
←15
右前片
（12个月）
←5
→1
→8 12
←5
←1
←35
←25
←15
←5
→1
→10
←5
←1

42 38→
30→
20→
10→
2→
48 38→
30→
20→
10→
2→
10→
2→
27 25 　20 　15 　10 　5 　1

□ = □ 下针

左前片
（12个月）10→
30→
20→
2→
12 8→
38→
30→
20→
10→
2→
10→
2→
27 25 　20 　15 　10 　5 　1

→38 42
←35
←25
←15
←5
←1
→38 48
←35
←25
←15
←5
←1
→10
←5
←1

●右上2针并1针

⊼

① 不编织，移
至右棒针上
② 编织下一针
③ 将移过的
针目盖过
④

●左上2针并1针

⋌

① 挑起2针
② 2针一起编织
③

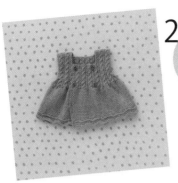

29、30

26、27 页
12、24 个月

● 所需材料
毛线…粗羊毛线 12个月：茶绿色 110 g/3团
24个月：土红色120 g/3团
配件…直径18 mm的纽扣各4枚
针…棒针5号
● 成品尺寸
12个月：胸围61.5 cm，肩宽21 cm，衣长31.5 cm
24个月：胸围61.5 cm，肩宽21 cm，衣长37.5 cm
● 编织密度
10 cm×10 cm面积内：下针编织23针，30

行；编织花样B 30针，30.5行
● 编织要点
前、后片连在一起编织，使用手指绕线起针法
起234针，参照图解不加、减针编织，12个月
的编织34行，24个月的编织42行，然后做等
分减针，减至212针，再织一行，接下来换成
编织花样B，12个月和24个月的编织位置发生
变化。从袖窿的位置开始分成三片，余线继续
编织右前片，后片和左前片分别接上新线编
织。左前片在指定位置制作4个扣眼。肩部休

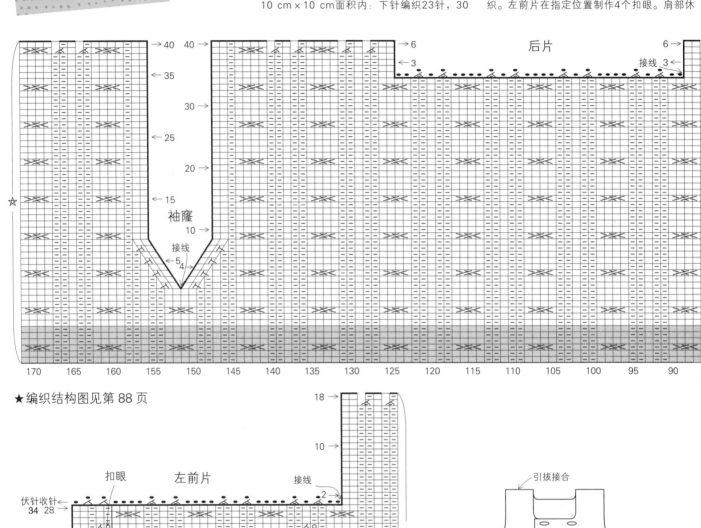

★ 编织结构图见第88页

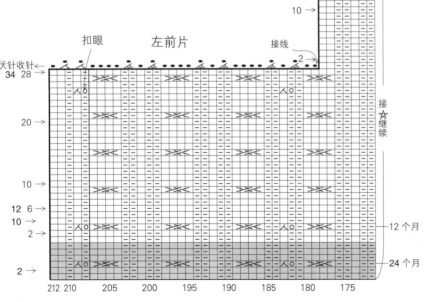

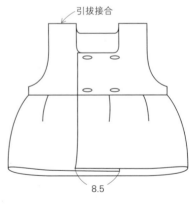

针待用。

组合 肩部正面相对对齐做引拔接合，右前片缝上纽扣。

编织花样B

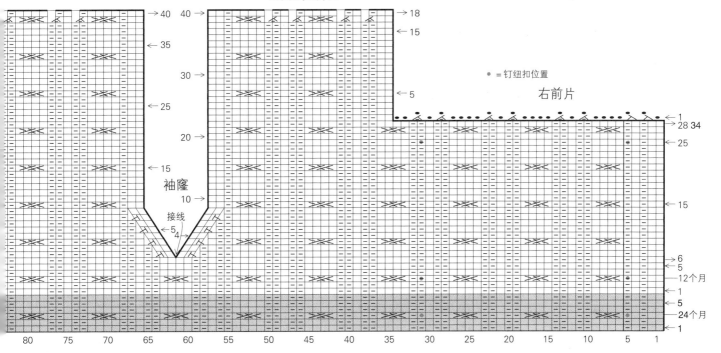

• =钉纽扣位置

右前片

前、后片 下针编织

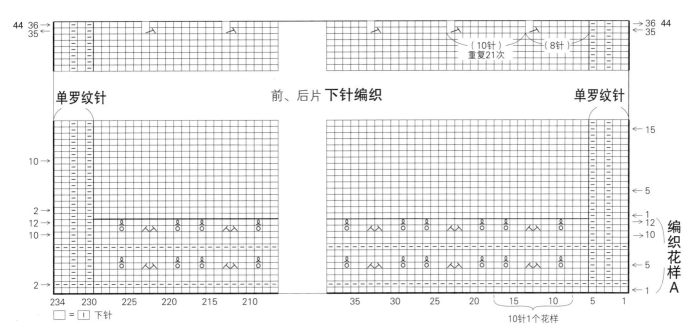

单罗纹针   单罗纹针

编织花样A

□ = Ⅰ 下针

10针1个花样

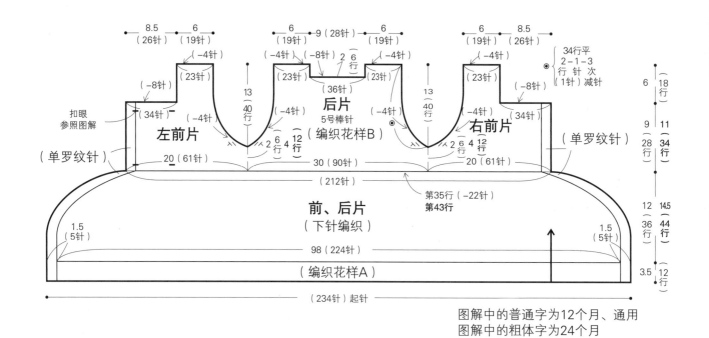

8.5（26针）　6（19针）　6（19针）　9（28针）　6（19针）　6（19针）　8.5（26针）

-4针　-4针　-8针　2-6针　-4针　-4针

（23针）　（23针）　（36针）　（23针）　（23针）

-8针（34针）

13（40行）　13（40行）

扣眼
参照图解

左前片　后片　右前片
5号棒针
（编织花样B）

（单罗纹针）　（单罗纹针）

34行平
2-1-3行　针次
（1针）减针

6（18行）

9（28行）　11（34行）

20（61针）　30（90针）　20（61针）

（212针）

第35行（-22针）
第43行

前、后片
（下针编织）

12（36行）　145（44行）

1.5（5针）　1.5（5针）

98（224针）

（编织花样A）

3.5（12行）

（234针）起针

图解中的普通字为12个月、通用
图解中的粗体字为24个月

● 2针下针与1针上针的左上交叉

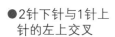

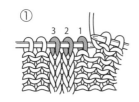
①

②

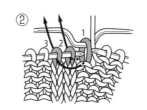

③

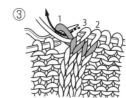

④

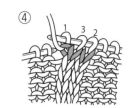

● 挂针与扭针结合的加针方法

右侧　①
挂针

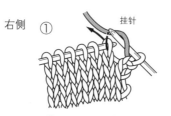

②
下一行将挂针编织扭针

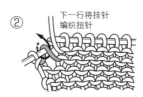

③

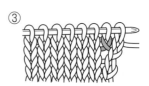

左侧　①
反向挂针

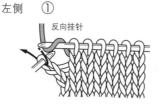

②
下一行将挂针编织扭针

③

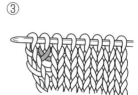

● 卷针缝

①
挑起2根线

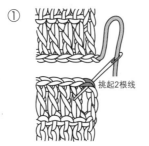

②

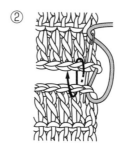

③

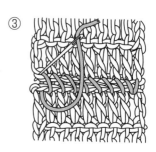

88

31、32

28、29页
12、24个月

●所需材料
毛线…和麻纳卡Paume彩土染（中粗）12个月：浅褐色（42）160 g/7团，24个月：鲑鱼红色（43）190 g/8团
针…棒针5号

●成品尺寸
12个月：胸围61.5 cm，连肩袖长15 cm，衣长31.5 cm
24个月：胸围61.5 cm，连肩袖长15 cm，衣长37.5 cm

●编织密度
10 cm×10 cm面积内：下针编织22针，30行

●编织要点
使用手指绕线起针法，从下摆开始一直编织到育克部分，肩部休针待用。前片为对称的2片，在左前门襟编织扣眼。
组合 肩部正面相对对齐，重叠针目做引拔接合。袖子从身片挑针，不加、减针编织，最后一行做下针织下针、上针织上针的伏针收针。胁线、袖下做挑针缝合，领子沿右前片、后片、左前片（肩线处各挑1针）挑针编织，使用与袖子同样的方法收针。制作纽扣并缝合。

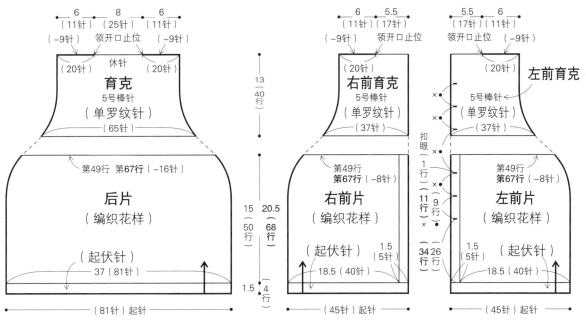

图解中的普通字为12个月、通用
图解中的粗体字为24个月

袖子
5号棒针
（单罗纹针）

22（65针）
20（60行） 25（76行）
（65针）挑针

挑针缝合

纽扣 6枚

全部从中长针的内侧
半针穿过（穿2圈）

抽紧后缝进针目里

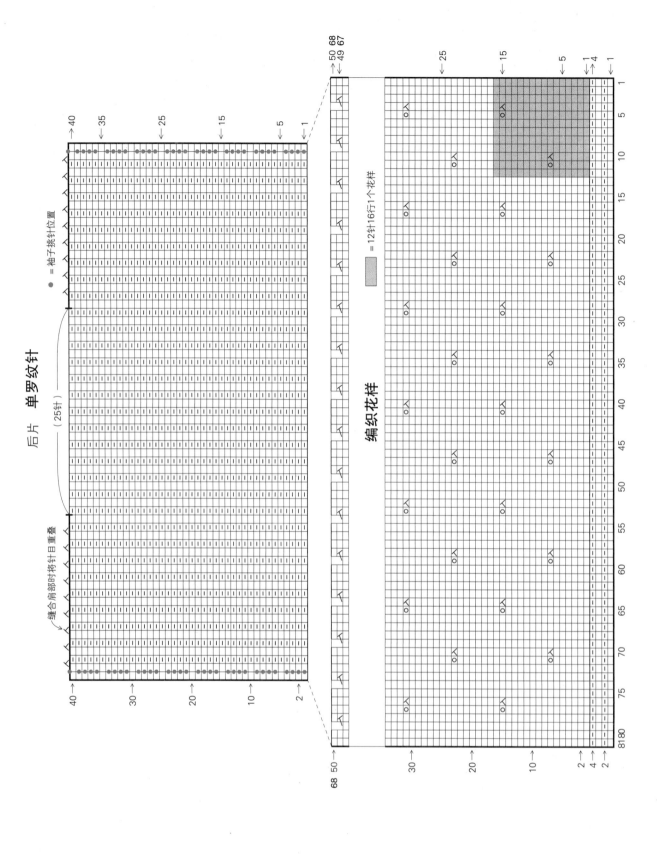

后片　单罗纹针

（25针）

＝袖子挑针位置

缝合肩部时将针目重叠

编织花样

＝12针16行1个花样

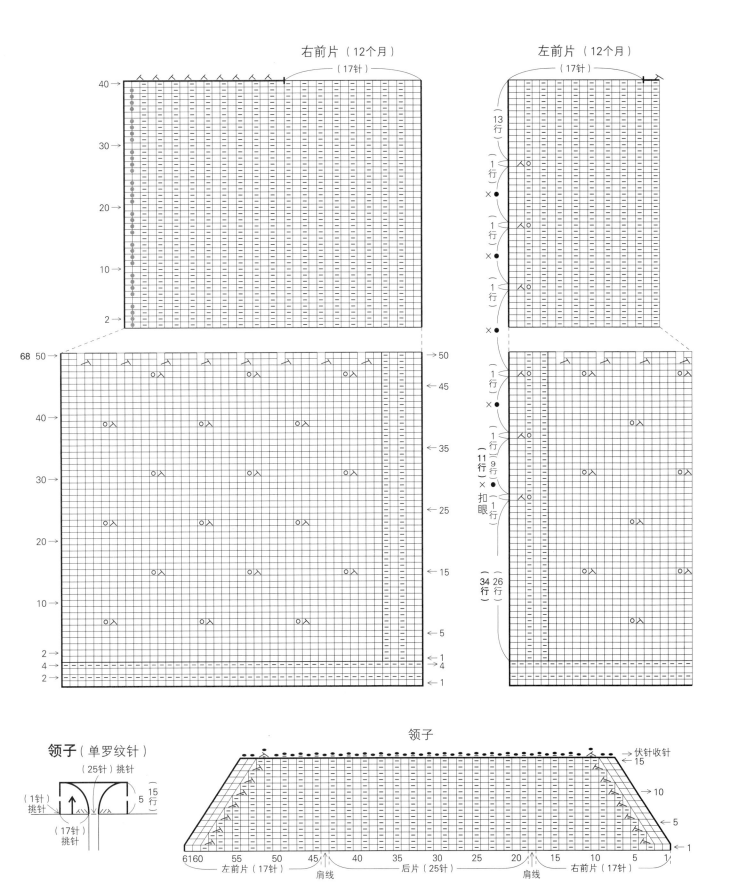

右前片（12个月）

（17针）

左前片（12个月）

（17针）

领子（单罗纹针）

（25针）挑针

（1针）
挑针

（15针
5 行

（17针）
挑针

领子

伏针收针
15

10

5

1

6160 55 50 45 40 35 30 25 20 15 10 5 1

左前片（17针） 肩线 后片（25针） 肩线 右前片（17针）

33、34

30、31 页
12、24 个月

● 所需材料

毛线…中粗羊毛线B 12个月：浅灰蓝色120 g/3团，茶色10 g/1团；24个月：梅子色140 g/4团，浅米色10 g/1团
配件…直径18 mm的纽扣各8枚
针…棒针5号，钩针5/0号

● 成品尺寸

12个月：胸围64 cm，肩宽22 cm，衣长30 cm，袖长20 cm
24个月：胸围64 cm，肩宽22 cm，衣长36 cm，袖长25 cm

● 编织密度

10 cm×10 cm面积内：下针编织21针，30行

● 编织要点

使用手指绕线起针法，从下摆开始编织，袖窿依次编织伏针减针，肩部休针待用。前片为对称的2片，左前片编织扣眼。

组合 肩部正面相对对齐做引拔接合，袖子从身片挑针编织。编织肘部的补丁，参照图解固定在指定的位置上并做立针缝饰。胁线、袖下做挑针缝合，在相同标记处做对齐针与行缝合。领子另外编织，对齐领窝缝合。

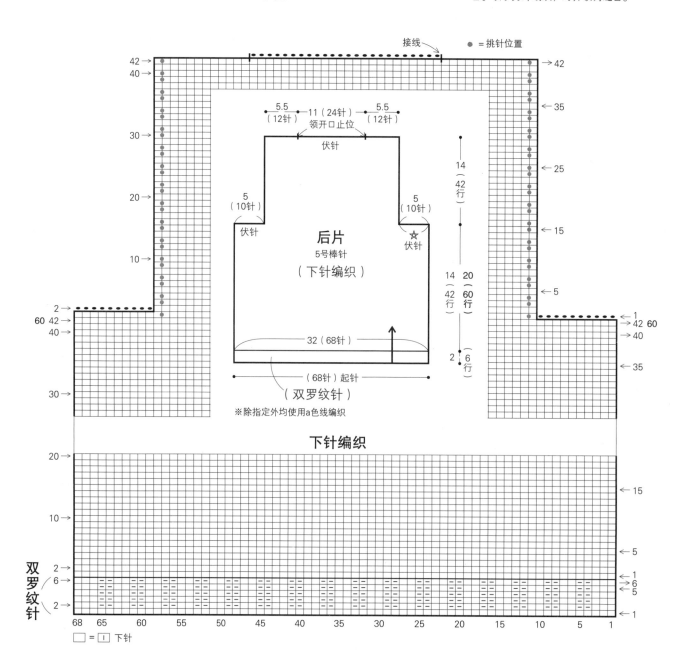

接线　● = 挑针位置

5.5 （12针）　11 （24针）　5.5 （12针）
领开口止位
伏针

5 （10针）　　　　　　5 （10针）
伏针　　　　　　　　★ 伏针

后片
5号棒针
（下针编织）

14 （42行）

14 （42行）　20 （60行）

32 （68针）

2 （6行）

（68针）起针
（双罗纹针）

※除指定外均使用a色线编织

下针编织

双罗纹针

□ = ｜ 下针

图解中的普通字为12个月、通用
图解中的粗体字为24个月

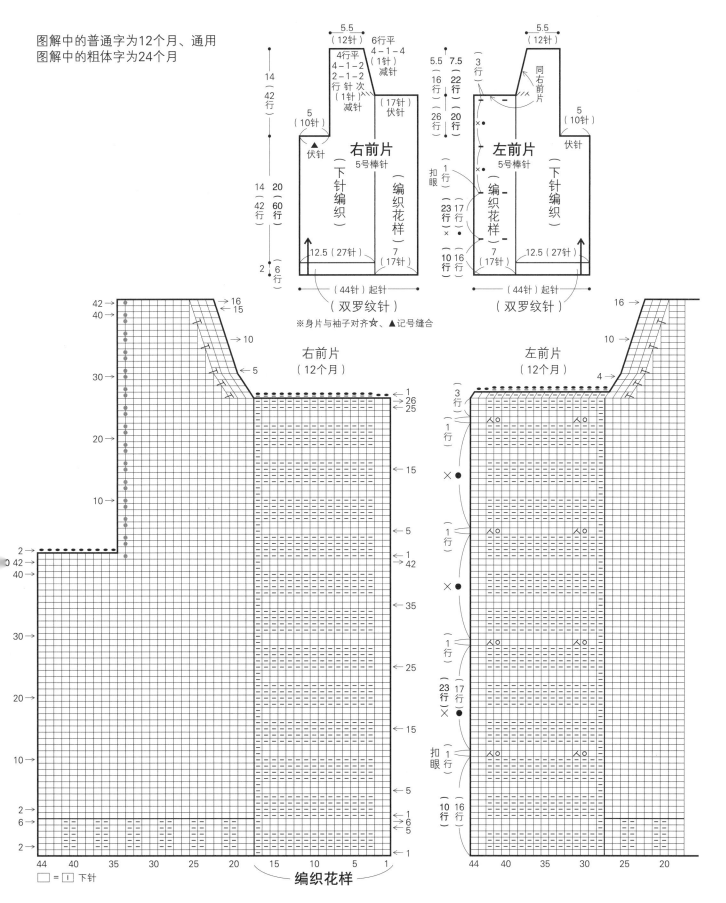

※身片与袖子对齐☆、▲记号缝合

编织花样

□ = Ⅰ 下针

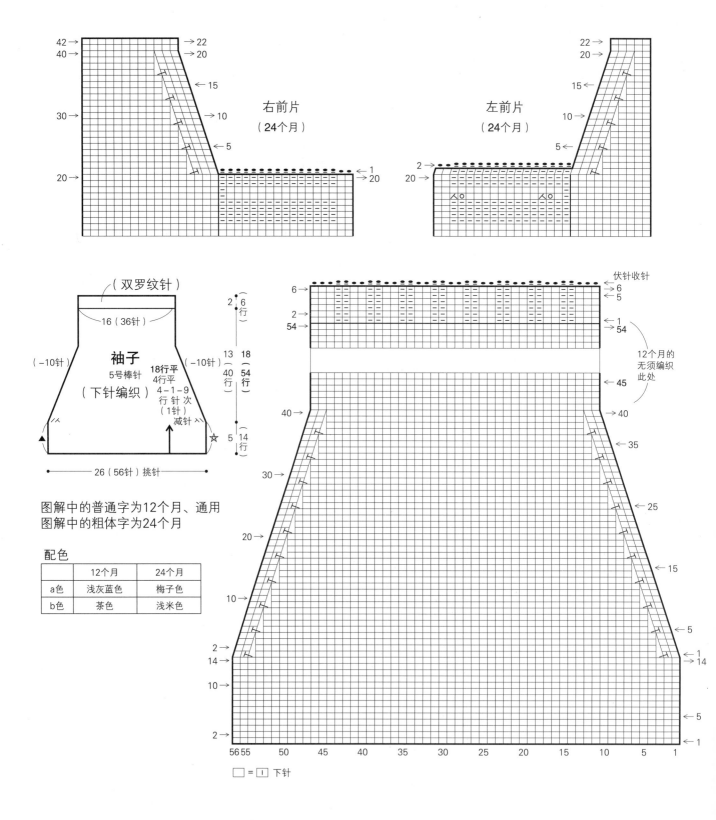

右前片
（24个月）

左前片
（24个月）

（双罗纹针）

16（36针）

袖子
5号棒针
（下针编织）

（-10针）

18行平
4行平
4-1-9
行 针 次
（1针）减针

26（56针）挑针

2（6行）

13 18
（40（54
行）行）

5（14行）

图解中的普通字为12个月、通用
图解中的粗体字为24个月

配色

	12个月	24个月
a色	浅灰蓝色	梅子色
b色	茶色	浅米色

伏针收针

12个月的
无须编织
此处

□ = |下针

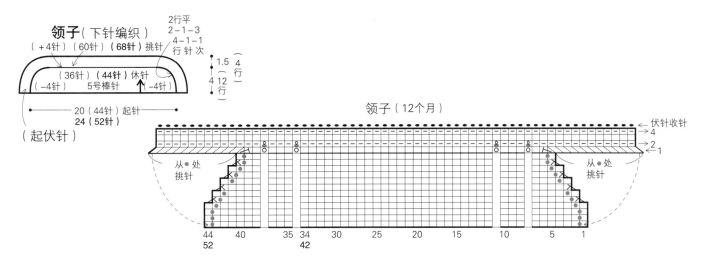

领子（下针编织）

（+4针）（60针）（68针）挑针

2行平
2-1-3
4-1-1
行 针 次

（36针）（44针）休针
（-4针）5号棒针（-4针）

1.5（4行）
4（12行）

20（44针）起针
24（52针）
（起伏针）

领子（12个月）

伏针收针
4
2
1

从●处挑针

从●处挑针

44 40 35 34 30 25 20 15 10 5 1
52   42

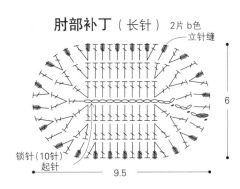

肘部补丁（长针）2片b色
立针缝

锁针（10针）起针

6

9.5

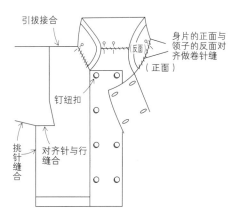

肘部补丁的固定位置

使用b色线在周围固定，使用a色线做立针缝

在袖子中间固定

引拔接合

身片的正面与领子的反面对齐做卷针缝（正面）

反面

钉纽扣

挑针缝合

对齐针与行缝合

●**立针缝**

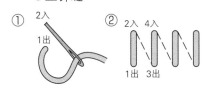

① 2入 1出

② 2入 4入 1出 3出

●**钉纽扣的方法**

① ②

使用双股线，将线头打结，从纽扣的反面入针，再穿回到反面，从线环的中间穿出。

缝到织片上，根据织片的厚度，纽扣下方的缝线留出相应的长度。

③ 在纽扣下方的缝线上绕线。

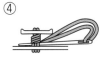

④ 绕完线后将缝针穿过纽扣下方的线的中间。

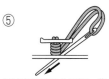

⑤ 将针穿到织片的反面，藏好线头。

作者简介

michiyo

从事过服装、编织的设计工作。1998 年开始从事婴儿和儿童编织设计、创作工作。设计风格稳重简约，享有独特的人气。已出版《手编婴儿鞋》（文化出版局）等图书，著作颇丰。

严禁复制和出售（无论商店还是网店等任何途径）本书中的作品。

版权所有，翻印必究

备案号：豫著许可备字-2020-A-0015

图书在版编目（CIP）数据

纯天然亲肤线材：四季婴幼儿毛衫编织 /（日）michiyo著；舒舒译.—郑州：河南科学技术出版社，2021.11

ISBN 978-7-5725-0595-9

Ⅰ.①纯… Ⅱ.①m… ②舒… Ⅲ.①童服－毛衣－编织－图集 Ⅳ.①TS941.763.1-64

中国版本图书馆CIP数据核字（2021）第182788号

出版发行：河南科学技术出版社

地址：郑州市郑东新区祥盛街 27 号　　邮编：450016

电话：（0371）65737028　65788613

网址：www.hnstp.cn

策划编辑：刘　欣

责任编辑：梁　娟

责任校对：王晓红

封面设计：张　伟

责任印制：张艳芳

印　　刷：河南新达彩印有限公司

经　　销：全国新华书店

开　　本：889 mm × 1 194 mm　1/16　印张：6　字数：150 千字

版　　次：2021年11月第1版　　2021年11月第1次印刷

定　　价：49.00 元

如发现印、装质量问题，影响阅读，请与出版社联系并调换。